了不起的中国古建筑

王国彬 著

机械工业出版社
CHINA MACHINE PRESS

推荐序一

꧁꧁꧁꧁꧁꧁꧁꧁꧁꧁꧁꧁꧁꧁꧁꧁꧁꧁꧁꧁꧁꧁꧁꧁꧁꧁꧁꧁꧁꧁꧁꧁꧁꧁꧁꧁꧁

可以言说的了不起之处

中国传统建筑是中国先民在与生存环境的互动中生成的物质形态，它集智慧与美学于一体，遵循着天道，承载着社会伦理，是理性的技术也是情感的图式。它有形态边界又涉及无限，是宇宙中的宇宙，气候下的气候，社会里的社会。经常性的，它们逆转了空间大与小的事实和感受，不断用时间改变着我们的空间审美感受。中国古建筑的确了不起。

第一个了不起在于它的独树一帜，把木材在结构、构造、装饰、工程体系上玩儿了个彻底、通透。中国的先民为什么选择木作为建构的主材？这种营造起始于何处？这些几乎都是天问。而它的形制演变究竟走过了多么漫长的历程，这都还是个谜，有待考古进一步证明，期盼学者进一步阐释。但唐代的广仁王庙，辽金的应县木塔，元代的永乐宫，这些巍然屹立着的皓首苍颜的文化遗产和众多刻在石头上的古老图像，在时间轴上两面夹击，给我们指证了至少至唐代，中华木营造已经生成了文明的结晶。通过一些唐宋木构建筑和数目可观的明清建筑遗存，我们得以延展关于历史上中国人生存空间的想象，并常常为之陶醉。

第二个了不起在于中国传统建筑的生动，它形态多姿，装饰丰富，具有文学性色彩和世俗精神，深受大众喜爱。然而有一种危险也在于此，大众常常误以为传统建筑的存在只是一种人工开创的景观异相，或为生存提供的优渥空间条件。前者执迷其物像，后者计较其实利，对其蕴含的文化和精神不问究竟，不探深浅，久而久之对其认知趋于概念化、符号化、扁平化。这就难免引发精英阶层的焦虑，因为这是传统和未来发生断裂的隐患。王国彬的解释就透着一种由来许久的焦虑。他想打通阻碍大众认知的壁垒，让更多的人走进廊腰缦回、"钩心斗角"的传统建筑文化体系，并去深度体会它。

但是中国传统建筑既可说又不可说，比如：它的选材可说，它的选址就难说；它的结构可说，构造可说，但它的美学就不好说，文化也不好说。因为它半工半文，两种属性相互计较着并各自放纵着，情感叙事和物质构建相杂相间，空间语言和装饰语言相混合、相反衬。这些貌似可以言说，比如假以文字，借用图说；还因为它半人半神，温馨又清冽，供奉与享乐皆具。这些不太好说，因为它是意象的，总是模糊的；在和自然的比对中，它既体现了孤傲又表现出谦卑。高举时不惜采用层层宝塔去突兀于地表，用飞扬的屋脊去展现精神气质；匍匐时依山就势去迁就地形，以开凿户牖去依附大地、山崖直至浑然一体。这些可以说，因为它相由心生、简单明确；而在社会环境中，传统建筑彼此间却是恪守着看得见的和看不见的规则，有的张扬、显赫、骄傲，突出个性，有的平实、低调、内敛，依靠隐忍和克制而表现整体美。在文化性与工程性的美学关系平衡方面，则只能是以个案为主，一案一说。比如中华营造之瑰宝——私家园林就很难说，首先它大隐于市、崇尚遁于无形，几何为之异化，天然与人工相济。其次它是个人化的，人文性的，渗透着独立于世的个体精神和主观意识。于是楹联、匾额就现身于园林的环境之中，因为对于闪念、冲动、抒发等意识活动，非精练的中国文字表述配合不可达意。

但对于如此错综复杂的中国传统建筑，大学教师王国彬却非要说，我想他深知能对大众深入浅出地讲清楚内在的道理是一种非凡的能力，他想成就非凡的自己罢。更重要的是他想做一个辛苦的布道者，因为他的专业与环艺相关，是研究环境、开创环境的一名教师和实践者。他通过传道、授业、解惑，让人们重新打量这些凝聚着前人智慧的古老建筑、城市、桥梁、园林，念兹在兹，感恩戴德。于是他从儒家文化、道家思想的视角去透视这些古老的建筑，谈到相地、堪舆、风水、等级规制、宗法等名目繁多的概念和观念，涉及科学、技术、社会学、艺术等专业领域，让大众的兴趣在思绪万千中萌生，在抽丝剥茧中认知，觉悟在一阵混沌后茅塞顿开……

中国工艺美术馆 / 中国非物质文化遗产馆　副馆长

清华大学美术学院　博士生导师

中国建筑学会室内设计分会　理事长

推荐序二

FOREWORD TWO

梁思成先生在《中国建筑史》(完稿于 1943 年)一书中提出"结构技术 + 环境思想"的理论体系。他在该书"绪论"的第一节"中国建筑之特征"中指出:

"建筑显著特征之所以形成，有两因素：有属于实物结构技术上之取法及发展者；有缘于环境思想之趋向者。对此种种特征，治建筑史者必先事把握，加以理解，始不至淆乱一系建筑自身优劣之准绳，不惑于他时他族建筑与我之异同。治中国建筑史者对此着意，对中国建筑物始能有正确之观点，不作偏激之毁誉。"

这一理论体系，不仅对中国建筑史的学术研究至关重要，对中国古建筑的科普写作也具有指导意义。从事中国古建筑科普写作，也应充分重视结构技术和环境思想两大方面的探讨。王国彬老师这部图文并茂的中国古建筑科普著作，在有限的篇幅内，对于上述两方面均有所涉及，难能可贵。

在"结构技术"方面，书中重点强调了中国古建筑运用木结构以及随之产生的"以材为祖"的模数化设计方法等基本问题，阐释中国古人建筑观背后的宇宙观、文化观及其在当代的重要价值。

而在"环境思想"方面，梁思成先生曾经指出其包含"政治、宗法、风俗、礼仪、佛道、风水"等诸多方面，本书亦多有涉猎，例如，对中国广袤大地的不同地域建筑样式进行了初步归纳，借鉴著名的"八大菜系"的提法，重点介绍了中国古建筑的六大代表性地域建筑样式，即书中所谓的"六大门派"(另将其余一些地域建筑样式纳入"其他营造"类)。尽管这样的概括无法尽道中华大地上异彩纷呈的众多地方建筑风格，但对于读者初步了解中国古建筑丰富多样的地方风格及其蕴含的深厚环境思想还是迈出了重要的一步。尤其作者在书中旗帜鲜明地提出的"一方人建一方建筑"的因地制宜的环境思想是值得深入探讨的重大论题。又如，本书第二部分分别讨论的中国古建筑之道、形、器、材、艺等诸多方面，更是涉及大量环境思想内容，包含了作者对中国古建筑背后的哲学、美学、文化内涵的许多独立思考，不乏独到见解。

本书对"一方人建一方建筑"之论述，以及对道、形、器、材、艺等诸多方面的探讨，令人不禁想到《周礼·考工记》所云："天有时，地有气，材有美，工有巧，合此四者，然后可以为良。"

中国古建筑历来属于《周礼·考工记》中所谓"百工"之从事，故书中所言"天有时，地有气，材有美，工有巧"自然与中国古建筑关系重大，而此亦与梁思成先生提出的"结构技术""环境思想"若合符节，均是对中国古建筑研究的重要方面。

王国彬老师在繁忙的教学、设计实践以及建筑学会工作之余，对中国古建筑的学术科普工作倾注了大量热情和心血，在本书酝酿之初以及写作过程之中，便曾不断与我分享心得，最终完成这部《了不起的中国古建筑》，并嘱我作序，

实在愧不敢当，拜读学习之余，写下上述杂感。衷心希望本书成为作者更多围绕中国古建筑的更加深入研究的原点，未来有更多佳作不断涌现。

故宫博物院故宫学研究所 馆员

中国紫禁城学会 秘书长

《建筑史学刊》副主编

哈佛大学"中国艺术实验室"协研员

前　言
PREFACE

著名的科幻小说《三体》里曾经有一个说法，那就是人类穷尽所有高端技术，用以保存人类的文明成果，能达到的最长期限是多久？书里给了一个答案，大概是 1 亿年，而所用的技术手段并非是什么高科技，而是将信息刻在石头上。那么，除此之外是否还有别的方式来保留人类的文明成果呢？寻找这个问题的答案成为完成本书写作的动力！

从另一个角度来说，地球已有约 46 亿年寿命了，也许已经有多个不为我们所知的文明湮灭在了岁月之中。传说，在我们这段文明之前，曾经有一个名为"亚特兰蒂斯"的文明，其科技远胜于我们当下，据说已经实现了太空星际旅行以及太空能源运输。然而，这个高度发达的文明早已失落，留下的也只是一个传说。

未来也许是不可知的，在这个以"进步"为主调的文明进程中，值得我们审慎思考的是，曾经只是出现在科幻电影里的技术场景，正在逐步真实地出现在我们的生活当中，科幻变成了预言，预言变成了现实，多样性的世界正在消失。

有个"土豆的故事"很能说明"多样性"的重要性，那是一场发生于 19 世纪中期爱尔兰的土豆大饥荒，这场饥荒是由于种植单一土豆品种引发的。如果进一步探究灾难的根本原因，是在农业现代化的进程中，农作物的多样性一直在降低，品种越来越单一。据说当时，几乎所有爱尔兰人都种植同一个土豆品种。这个土豆品种的确非常优秀，它不只生命力顽强，而且产量高，由此成为爱尔兰家庭的主要食物。然而，在面对一种引发土豆枯萎病的真菌侵袭时，这个品种败下阵来，给了以土豆为生的爱尔兰人致命一击。饥荒的蝴蝶效应迅速蔓延，几年工夫，饥荒造成的非正常死亡人口达 100 多万，另有 150 万人为逃避饥荒移民海外，由此引发了接下来的一系列自然与社会的全球化动荡与变革。

在 20 世纪的 100 年时间里，农作物品类的多样性已经丧失了四分之三，在与保护农作物品类多样性的意义一样，保持文化的多样性就是推动人类文明进程的保证。多样的生物可以构建和谐稳定的自然生命共同体，那么多样的文明则能构建可持续的人类文明共同体。在人类文明的未来进程中，应该尽可能地拥有更多可能性的应对手段，从而能够抵御单一文明造成不可挽回的伤害。尽管，这种单一的文明在一定时间段看上去是先进的！

"现代性"一个重要的特征就是"祛魅"！所谓"祛魅"，就是客观地去除各种添油加醋、牵强附会的理解，把结果还原回根源。在原因套原因的重重嵌套中，只有全面系统地罗列事实，多元视角进行观察与思考，才有可能在整体的图景中，寻找到个别基因演变的线索，从而以中国自己的方式实现现代化。想要推动中华优秀传统建筑文化的创造性转化与创新性发展，首要解决的问题是文化的自知，必须直面以下的三个问题：

什么是建筑的了不起？

传统中国建筑有何了不起之处？

这些了不起与当下的关系和其意义是什么？

只有层层递进、多角度地进行问题研究，客观真实地了解中国建筑的了不起之处，才能从文化的自知转化为文化的自信，从而带着这种自信，自强不息地在中国式现代化的道路上砥砺前行。

本书的内容共分为两章：第一章为"中国建筑六大门派"，精选了具有代表性的 60 个案例，力图通过精选的优美建筑影像图片使大家一目了然地全面了解中国建筑"是什么"；第二章是"了不起的中国建筑"，主要以图文并茂的形式，以"道、形、器、材、艺"五字联结的综合多元视角，以"主题叙事"的方式，围绕上述三个问题，构建出一种沉浸式阅读的体验，来唤醒大家血液里沉睡的文化基因。

"五字联结"，一"字"一"人"，通过五种特性描述，勾勒出中国建筑的人本特征，进一步反映出中国建筑从自然到社会、从多元到融合的趋势变迁，从而力求以图文建构一个纸上的二维博物馆，一个值得我们的后代传承的历史，一个值得未来考古的生活方式！

在众多逐渐趋同的人类现代化文明进程中，源远流长的中华文明显得独树一帜，它保持了相当的克制，以一种温和的姿态，用自己的方式默默维持着人类

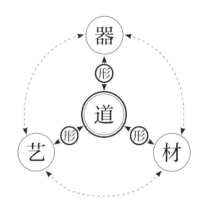

文明的动态平衡。因此，我们需要找寻中华文明中最为不同的智慧本质，也就是中国建筑真正的"了不起"，而不是基于西方视角或者流于表面、自说自话的现象与符号。如同农业现代化中，在大型收割机器收割作物时，采用的是一种省时省力的"共性"收割方式，而有些独特的果实，却往往必须采用人工的收割方式。

独特的视角就是独特的工具，能够实现成果的多样性。一个从未断裂的文明，一定蕴含着还未被发掘的智慧，一个独特的视角则是这个智慧宝库的另一把钥匙，本书就力图成为这把钥匙。人是文明的原点，正如书中不断重复的——"中国建筑就是中国人"。本书也力求在文明的宏大叙事基础上，探索一种质朴通俗的个体化叙事，它应该是慢的，柔的，可反复咀嚼品味的，滋润个体且身体力行的！

绪 论
INTRODUCTION

如果说整个人类的文明是一片茂密的森林，那中华文明无疑是森林中最古老的一棵大树！

数千年来护佑我们的这棵大树，尽管历经种种苦难，却依旧散发着勃勃生机。在这棵茂盛的大树之上，中国古建无疑是最引人注意的那片枝叶，即便在人类的整个文明的密林之中，也掩盖不了其展现的独特光芒，成为整个人类文明进程中"了不起"的一个存在。

当今世界瞬息万变，我们很容易被不同文化的混合吸引，一步步地离开了祖先的荫庇，迷失在逐渐变得相同、一致的森林深处。在这个信息碎片化和视觉为王的时代，乱花渐欲迷人眼，我们慢慢在繁忙的生活中遗忘了传统文化的价值。如果没有了当代人对传统文明的传承，中华文明这棵大树也就失去了我们耐心的反哺养护，也慢慢失去活力，我们也将失去存在的根基。随着时代的进步，物质生活的富足，人们开始回望我们幸福的根源，也就是回望我们自己传统的文化，继而重新聚焦中国的传统建筑。

如何在传统的建筑现象研究基础之上，以当下人们生活的视角来重新审视与理解中国传统建筑中"了不起"的生活智慧？如何将传统生活智慧连接现代生活方式？如何在中国传统建筑这个物质遗产的基础之上，展现更多的中国非物质文化遗产特性？如何真正实现优秀传统文化的创造性转化与创新性发展，为中华文明这棵古老的大树注入新时代的营养？这些都是本书内容的着眼之处！希望人们关注中国传统建筑，是因为其中蕴含的那些能够超越时代的建造智慧，而非仅仅因为一个看上去很美的词——"传统文化"。

"建筑"正式成为人类文明的重要组成部分，始于"定居"，就是人类在一片固定的土地上，开始了相对有规律的生活。生活的规律源于自然环境的规律，因此，一片人们能够得以"定居"的土地应该具有相对稳定的自然条件。这里所谓相对稳定的自然条件，指的是以人类自身寿命以及身体为参照的时间与空间的规律性。漫长的人类发展史，人们走走停停，逐步遍布了整个地球，慢慢地掌握着自然规律，慢慢更新自己的生存方式，从而慢慢地定居下来。定居的生活方式有效增加了人口的数量，推动了物种的进化。逐渐增多的人类，基于生存与发展的需要，其逐步社会性的行为必然会干扰环境的自然性，进而反过来影响人们的"定居"。因此，实现人与自然的动态平衡，成为人类文明的永恒命题。除了人类的"生、老、病、死"等无法改变的自然规律，对于"衣、食、住、行"等生活规律的认识与掌握，成为这道永恒命题的解题方向。

如今，随着科技的发展，世界的天平开始向人类倾斜，尽管人们提出了绿色、可持续、低碳等种种策略，但人与自然的关系还是逐渐陷入无法调和的境地。

基于科技发展的现代社会，就像一辆刹车失灵的失控汽车，正载着人类走上一条时空不定的未知之路。一般来讲，基于人类经验的产物对自然的损伤是较小的，反之，某些非经验的科学成果却会对自然造成巨大的伤害，悄然透支着人类这个物种的整体生命时限。在科技的进步中，隐藏着一个根本性的巨大危机，那就是科技进步带来的"去身体化"，"硅基人"也许将会替代"碳基人"，相当于以几乎不可再生的人造物替代了"人类"这种可再生的自然资源。

"自然而然"的中华文明，不仅在生活上的传统融合了伟大思想家的智慧，还代代相传，不仅会实现我们生活的和谐、幸福，还不伤害他人，这才应该是人类最根本的文明追求。欧洲传统建筑上所谓坚固、实用、美观的三原则，也只是一种立足于自身环境语境的叙述，并不能完整贴切地用于中国。有关中国传统建筑的问题，绝不能仅仅局限在物象层面的讨论上，讨论中国古代的建筑，需要宽阔多维的视角，这样才可能做出更为全面的认识，才能抓牢智慧的接力棒！

我们需要以没有偏见的心来看待事物的本来面目，这样才能够真正地看见，而不只是沉湎于自我的投射。通过体会人与文物的关系，体会我们与祖先的联结，关键是学会这种"看"的方式，就会越看越宽广。中华文明之所以吸纳了多元异域文化的精华，也正是得益于这种"看"的方式，而我们对于中华文明的认同，也正是在这种"看"的学习与践行中获得的。

在人类文明走向趋同的今天，如何发掘出中国传统建筑的当代性，而不只是流于口头的文化性，是我们这本书要去表达的。文明是不断前进的，不要担心一个文明老去，文明的生命力才是关键。我们真正需要担心的是：在老去的文明之上，是否能生发出新的文明？因为，对人类文明最好的传承就是创造人类文明的新形态！

目 录

第一章
中国建筑六大门派

第二章
了不起的中国建筑

京派营造

晋派营造

苏派营造

徽派营造

闽派营造

川派营造

其他营造

中国建筑六大门派
THERE ARE SIX SCHOOLS OF CHINESE ARCHITECTURE

"不止"六大门派

一方水土养一方人，每一方人有各自一方的生活方式，人们的生活智慧，经过长时间的传承，就自然而然形成了各自的生活方式。如果在中国地图上从大兴安岭到喜马拉雅山东南端，将年降水量为 400 毫米的地区用点串连起来，会形成一条明显的分割线，在气象学上称之为 400 毫米等降水量线。以它为界，我们能感受到两个截然不同的世界，东南侧湿润多雨、森林繁茂、农耕发达、人口密集，西北侧干旱少雨、草原辽阔、畜牧为主、人烟稀少。自古以来，该等降水量线以西以游牧或半农耕文明为主，以东则以农耕文明为主。

另外，我国地势西高东低，呈三级阶梯状逐级下降，这种阶梯状分布特点，使得以长江、黄河为代表的诸如淮河、珠江等大部分河流都是自西向东流向大海的。这些河流的冲积，不但形成了适于农耕的平原地带，同时与山形起伏一起把东南的平原地带横向分成了几大区域。其中尤其以秦岭—淮河一线分割形成的所谓"南方"与"北方"区域最为突出，也即在 400 毫米等降水量线以东的区域，又被秦岭—淮河一线分成了 400 毫米与 800 毫米等降水量线，也就是以秦岭—淮河为界，以南为湿润区，以北为半湿润区。

在中国大地上的这一纵一横两条线，形成了一个横着的"T"字形，区分了不同的水土区域，这个"T"字形不但成为人口数量的"分界线"，还勾勒出了农耕文明的"生命线"，更形成中国建筑的"风格线"。在五千年历史的进程中，气候变化、地理变迁、人口迁移此起彼伏，天、地、人三个因素此消彼长，最终融合演化为一个文明共同体——中华文明。

大约从东晋时期之后，中国的经济中心南移，文化作为上层建筑，其中心也随之南迁。随着北方少数民族的内犯，中原兵灾不断，北方的文人士子们纷纷南下，更促进了南方文化的兴盛。如此至南宋时期，中国文化的中心在南而不在北，已经是大势所趋。源于河南、山西、山东、陕西诸省的中国文化，除了部分顽强保存至今的民俗传统外，在文化的其他领域反不如江苏、浙江、江西、安徽等诸省发达。战争成就了武将，经济孕育了文人，北方的侠义与江南的名士成为中国南北区域文化较为明显的差异与特征。

历史发展直至近现代，逐步稳定的中华文明本体基本由三个区域构成：第一是以北京为中心的北方区域，是受到北方少数民族影响，形成的胡汉文化交融区域文明；第二是以苏杭为中心的江南以及两湖、徽州区域，是以汉文明为主体，是由北方中原文明不断南迁而成；第三是直至近代才形成，以广州和上海为中心，受海洋文明影响的南方沿海地区。

作为文明的重要载体，中国建筑历经了几千年，在本土各民族文化的此消彼长和大融合中，在众多外来文化的不断冲击和相互交流中，形成了今天我们看到的那些各具特色、多元共生的传统建筑。

与其他文明建筑相比，中国建筑有以下几个较为突出的共性特征：首先，建筑构造惯用木框作为房屋的承重结构，这样，屋顶重量主要由木结构来承担，利用木结构所用的斗拱和榫卯，可以在一定限度内减少地震的影响；其次，单体建筑大多采用模块化、标准化的营造体系方法，以"间"为单位而构成单体建筑，再以单体建筑组成庭院，进而以庭院为单元组成各种各样的集群；最后，建筑构件的雕刻装饰具有丰富的文化象征，并通过彩画方式实现对建筑材料的防腐与装饰，最关键的是，强调建筑与环境的一体化营造。

既然一方水土养一方人，一方水土必然也造就了不同的建筑风貌，由此，我们也可以说一方人建一方建筑。不同的人，根据不同的水土，运用不同的工具与技艺，营造了不同风貌的建筑。由于我们先人的劳动工具不及现代的便利，所以他们往往"因地制宜"，以最便利的方式就地取材，营造出诸如吊脚楼、地穴以及常见的茅草房和土屋，可谓是"龙生九子，各有不同"！

相近的水土自然条件，以及人文的交融，逐渐形成了有一定规律可循、风貌接近的建筑。就像在中国饮食文化中，拥有各自独特风味的八大菜系表现出的川菜的麻辣、鲁菜的咸鲜、粤菜的清淡、苏菜的细腻、闽菜的酸甜、浙菜的嫩滑、湘菜的香辣、徽菜的醇厚，中国建筑也形成了一个个拥有各自独特风貌的营造体系，可以称之为一个个"门派"。为了更生动地传播中国建筑文化，我们在本书中将中国建筑分为六大派别，分别是：京派、晋派、苏派、徽派、闽派和川派。

需要说明的是，这六大门派的简称，不是指现在的行政区划，而是以不同的营造体系顺应不同的水土环境，所表现出来的不同建筑风貌简称。比如今天隶属于江西的婺源，在旧时却属于古徽州府所辖的六县之一，由此建筑风貌应该属于徽派；湖南省湘西的凤凰古城在自然风土上却更接近相邻的贵州，由此建筑风貌可以说属于川派。六大门派看似虽各具特色，但都是从不同角度反映出顺应自然的中国建筑之道，共同构成了中华文明大树上重要的一枝。

我们纵览各派建筑，也不难发现其横向与纵向两种拓展的形式，以及穴居与巢居的原型，究其原因，首要的应该是建筑基地的地形平整程度！开阔的平地有利于建筑横向平面的伸展；与之相反，崎岖不平的地就会迫使人们首先要花费精力使其变平，从而使建筑不得不向纵向伸展！

尽管，不论是开阔的平地还是崎岖的山区，各派建筑都有二层，但二层乃至多层的原因却大不相同，除了水土环境的不同，平原地带的地层却往往是生产力发展催生的社会性、制度性的原因。比如晋派建筑的二层往往是地形使然，徽派建筑的二层则是气候与地形的双重原因，而京派建筑的二层则多是非富即贵的社会制度原因了。随着生产力的进一步发展以及人们的迁移与交融，各派建筑风格逐渐呈现出融合统一的趋势，可以说是：

地宽广，一层躺，地不够，层来凑。
地太潮，多层好，地不平，多层行。
北穴南巢汇地表，合院高楼是家乡！

当然，就像中国的八大菜系也无法囊括中国丰富的美食一样，总有一些相对小众但是却美观的其他建筑，比如受舶来文化影响而形成的洞窟、佛塔以及民居。因此，本书就在这六大门派的类别之外，增加了一个"其他"门派来对中国建筑做一个相对完整的分类，从而使大家能够通过这一本书，就能品味出丰富多彩而又浑然一体的中华文明的味"道"。

故宫博物院

"京派"建筑，是庄严肃穆的规范之作，一砖一瓦皆有礼数。这里的"京派"建筑可不仅是北京的建筑，而是以北京建筑为代表的一个营造系统，辐射至整个中国北方平原地区的建筑风貌统称。特殊的历史与政治地位决定了京派建筑独一无二的风貌。

京派建筑可以说是农耕文明高度发展的产物。

首先，优渥的地理自然优势，是农耕文明生发的基础，更是一国都城营建的先决条件。北京三面环山，地势平坦，易于防守，是一张修建都城最优质的白纸，可以将中国理想的城市模式蓝图充分伸展。

京派建筑也可以称为官派建筑。从布局到朝向，从形制到结构，京派建筑谨守官方颁布的规矩——"礼"，其中最能体现这种"礼"的，便是如中国象棋盘一样的城市布局，以及在棋盘上方方正正的"四合院"，也就是本书中不断提及的"轴线合院式"的代表性建筑。在明朝时，四合院开始出现明确分为宫室、王府、官员、庶民四个等级，各个级别必须按规定建房。后来，还在门、

房、屋顶等建筑部位做了更详细的规定，各个级别如不遵守这个规矩，则会被以僭越逾制之名治罪。

在众多四合院中，级别最高的"宫室"级四合院建筑，毫无疑问是旧时的皇宫"紫禁城"，也就是今天的"故宫"。故宫是由多个四合院沿一条中轴线对称分布，完美地按"礼"集成的一个院落建筑群。

大大小小的四合院看似形态不一，却严格遵守着相同的规矩。北京四合院的标准布局按照南北轴线对称，由正房、倒座房、东西厢房四座房屋围合一个庭院而成。四合院以"进"为单位，有一个庭院则成为一进，有两个就称为两进，以此类推，可以有三进、四进、五进甚至十几进。除了可沿中轴线纵向伸展外，四合院还可以向东西方横向拓展，称为"跨"，比如东跨院或者西跨院。

四合院不只是建筑的一种布局、一个标准的营造单元，还是一个家族的代名词。正房位于中轴线上，通常是长辈的起居室，两侧是耳房和厢房，供晚辈使用。家族的大小不同，可通过四合院的"进"与"跨"来延伸与扩展。四合院就像一桌大餐，正房是主菜，耳房和厢房是各种配菜，而庭院就像是一个餐桌，把所有的美味摆放在一起，人们会按照礼数落座就餐，充分地体现了长幼有礼、尊卑有序的风貌特征。其实，从皇宫到王府，从寺庙到民宅，都是各式"四合院"建筑群，不论是几进的大户人家，还是一进的民居小院，都可以说是一个微缩版的故宫，其区别也就是一桌菜品的丰盛程度不同而已，处处体现出人与建筑、人与人之间平衡与规矩的和谐风貌。

当然，贵为一国之都，在规矩的基础之上，京派建筑也集合了南北的建筑精髓。因此，在建筑的布局、造型、色彩、材质、工艺的各个方面，京派建筑犹如一道"满汉全席"，既传承了"鲁派菜系"的礼仪与厚重，还广纳百川，吸收了南北各派建筑的营造技巧与智慧，由此成为中国建筑营造的集大成者。

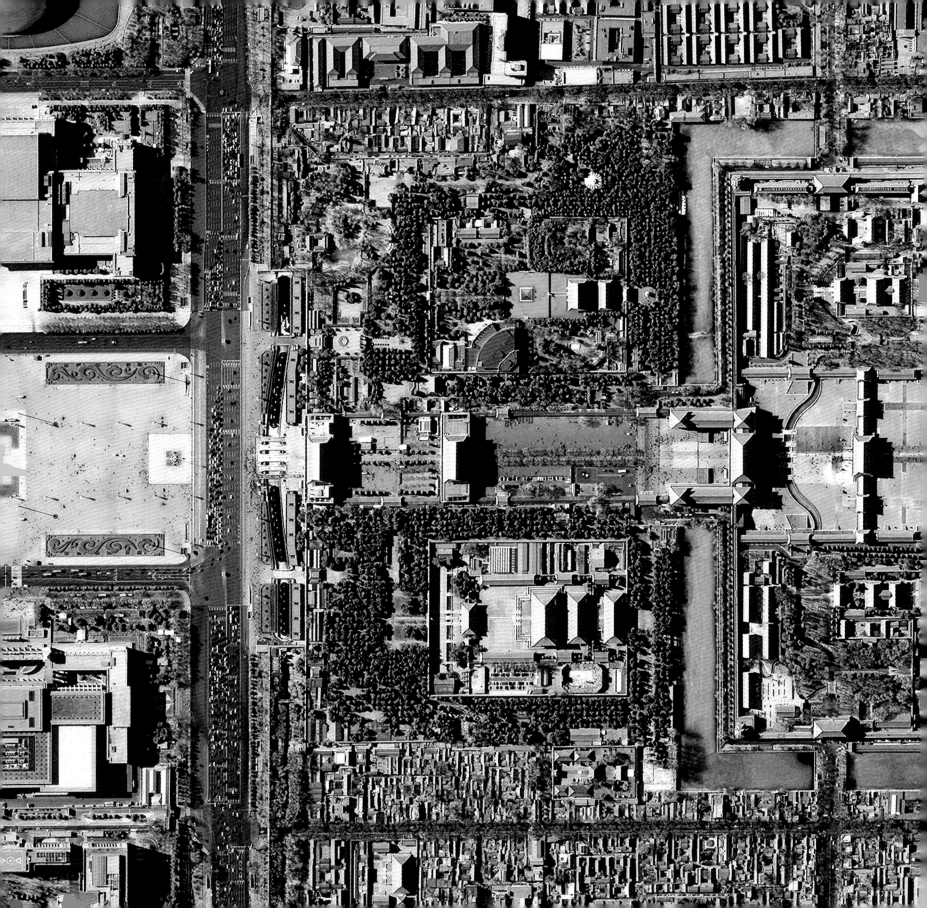

故宫博物院

故宫，旧称"紫禁城"，明清两代的皇家宫殿，是目前世界上现存面积最大、保存最完整的皇家建筑群，也是中国古代社会最完美的建筑典范，更是京派营造最杰出代表。俯瞰故宫，就会发现它如同一个超大型的四合院，里面包含了许多小四合院。在这极其规准的方形院墙内，沿着一条南北向的中轴线，对称分布着近百座看似"千篇一律"，但又"千变万化"的院落。这种轴线合院式的形制，体现着中华文明主流的官派建筑营造规范与标准——礼。从选址布局到单体建筑再到构件装饰，无不展示着中国建筑的严谨礼制，也蕴含着中国人的庄严与周正。

午门

午门是紫禁城的正门，位于故宫南北轴线南端，平面呈"凹"字形，沿袭了唐朝大明宫含元殿以及宋朝宫殿丹凤门的形制，由汉代的门阙演变而成。午门分上下两部分，下为墩台，高 12 米，正中开三门，两侧各有一座掖门，故称"明三暗五"。午门整座建筑高低错落，左右呼应，形若朱雀展翅，故又有"五凤楼"之称。在中国的建筑之道中，午门因位于故宫之南，所以建筑的整体色彩与装饰以红色为主，所谓"推出午门斩首的说法"，是自清代以来才在民间演绎出来的，也许是宣武门的"武门"的一种误传，毕竟宣武门外的菜市口才是真正的行刑之地。

角楼

角楼位于故宫城墙的墙角处，是一座四面"凸"字形平面组合的多角建筑，屋顶有三层，上层是纵横搭交的歇山顶与两坡流水的悬山顶组合而成，因这种屋顶上有九条主要屋脊，所以称作九脊殿。据传说是明成祖朱棣在梦中所见，便责令工部大臣将梦中所见的九梁、十八柱、七十二条脊的建筑转化为现实中紫禁城四个墙角的节点建筑。皇命不可违，大臣及工匠团队背负着杀头的压力，但却百思不得其法，苦恼之际，一工匠偶然间受到街上一个蝈蝈笼启发，方才建成了流传至今的角楼。黄色琉璃瓦顶和鎏金宝顶在阳光下闪烁生光，在蓝天白云与护城河中倒影的映衬下，成为一堵墙与一堵墙最美丽的邂逅。

太和殿

太和殿俗称金銮殿，矗立在紫禁城中央，为汉族宫殿建筑之精华。故宫中轴线沿着殿前龙纹石雕御路升上三台，从太和殿的天子宝座下穿过。太和殿是中国现存规制最高的古代宫殿建筑，也是现存的宫殿中最大的。太和殿在古代主要是举行一些盛大的典礼的地方，如皇帝登基即位、皇帝结婚、皇后册立等，还有一些重大节日的庆祝，举办宴席之类的。大殿内外饰以成千上万条金龙纹，屋脊角安设十个脊兽，这在现存古建筑中仅此一例。太和殿自建成几百年来，共有四次被焚毁重建的经历。这四次焚毁反映了中国木结构建筑营造的某些缺点，但也从另一个角度反映出"生生不息"的建筑之道与"多、快、好、省"的中国建筑之艺！

乾清宫正大光明匾额

正大光明匾额，悬挂于故宫后三殿的乾清宫正殿内，由清代顺治皇帝御笔亲书。此匾之所以有名，据说是因为它的背后是清代藏秘密立储匣的地方。一旦皇帝驾崩或者退位，王公大臣们才能将秘匣从匾后取下，当众开启，宣布"御书"指定的王位继承人。每年冬至日前后的正午时分，阳光、屋檐与金砖，为正大光明匾开启了"金光滤镜"，大殿内"正大光明"匾额及下方的五条金龙会由西向东依次被阳光点亮，发出金色的光芒。冬至日是古人极其重视的节日，古代帝王会选择冬至日祭天，以表达"阴极阳生、万物生长"的祈愿。正大光明匾额及金龙在冬至日被点亮，充分反映出中国匠师"了不起"的建筑之艺。

天坛

天坛，是中国现存最大的古代祭祀性建筑群。作为重要的礼制建筑，天坛建筑群的主要建筑圜丘坛、祈年殿、皇穹宇都采用圆形平面，而祈年殿、圜丘坛的矮墙外墙则为方形，天坛内外两重坛垣也是北圆南方，寓意"天圆地方"，其技术构造也因建筑外形的特点和"天"的含义而采用奇数、年数等与之相关的数字。主体建筑屋面覆以蓝色琉璃瓦象征青天，使祭礼达到神圣而崇高的效果。天坛是时间与空间在建筑上的体现，又是建筑技术与艺术完美结合的产物。

在礼制思想体系中，最重要的是要让人们相信"天"是至高无上的主宰，而人间的统治者的一切行动都是按照"天"的意志做的，因此是不可反抗的。中国的统治者自称"天子"，正是通过在天坛举行的祭祀天地的仪式，统治者得以奉天承运，获得了替天行道的权力，从而实现了从"一国"到"天下"的掌控。

祈年殿

祈年殿是天坛建筑群的主体建筑，又称祈谷殿，是明清两代在每年正月向天帝祈求谷物丰收的祭坛，也是仅存的一例古代明堂式建筑。受"天蓝地黄"传统观念的影响，祈年殿按照"敬天礼神"的思想设计：殿为圆形，象征天圆；瓦为蓝色，象征蓝天。整个建筑采用上殿下屋的构造形式，是一座鎏金宝顶、蓝瓦红柱、金碧辉煌的彩绘三层重檐圆形大殿。

祈年殿内部共有 28 根楠木大柱，呈环转排列，中间 4 根龙井柱代表一年四季，支撑上层屋檐，中间 12 根金柱代表 12 个月，支撑着第二层屋檐；外围 12 根檐柱代表 12 时辰，支撑着第三层屋檐，是古人对宇宙时空认知的具象化身。

以祈年殿为代表的礼制建筑，通过建筑的秩序构建，实现从礼制向礼器的转化，也借由礼器实现人与天地的"对话"。这种特意营造出的独特建筑之形，清楚无比地表明了其等级的崇高，表达出对"天"的尊敬，反映"天"的权威性，在封建君主对皇天上帝顺从的同时，强调出皇帝统治权的合法性。

颐和园

颐和园原称清漪园，是中国四大名园之一，是我国现存规模最大、保存最完整的皇家园林。这幅集传统造园艺术之大成的宏图画卷以杭州西湖风景为蓝本，既饱含皇家园林的恢宏富丽，又汲取江南园林的设计手法和意境，是保存最完整的一座皇家行宫御苑，充分体现了京派营造集南北建筑精粹的包容性，被誉为"皇家园林博物馆"。建筑群依山而筑，现存的是英法联军烧毁后重新建造的。从山脚的"云辉玉宇"牌楼，经排云门、二宫门、排云殿、德辉殿、佛香阁，直至山顶的智慧海，形成一条层层上升的中轴线，将京派营造广纳百川的智慧发挥到极致。

金光穿洞

颐和园中的十七孔桥连接昆明湖东岸与南湖岛，长 150 米，似长虹飞架在昆明湖上。从桥两端数来，到桥正中的大孔都正好为"9"，作为最大的阳数，代表皇家的至尊无上。每逢冬至前后的下午 4 点左右，站在南湖岛一侧自西北往东南方向观桥，十七孔桥的所有桥洞会被夕阳染上一抹金光，称为"金光穿洞"。观看"金光穿洞"的绝佳时间是冬至节气前后下午 4 点钟左右，每天持续的时间只有大概 20 分钟。

金牛镇水

在昆明湖十七孔桥的东堤，蜷卧着一只有防洪寓意的镇水镀金铜牛，而在昆明湖西侧则有一块刻有"耕织图"三字的石碑。于是，在这座皇家园林内便呈现了一幅以昆明湖为银河，十七孔桥为鹊桥，以铜牛和耕织图代表天上牛郎织女星宿的美丽画卷，从而将中国建筑之形的象征意义发挥到了极致。

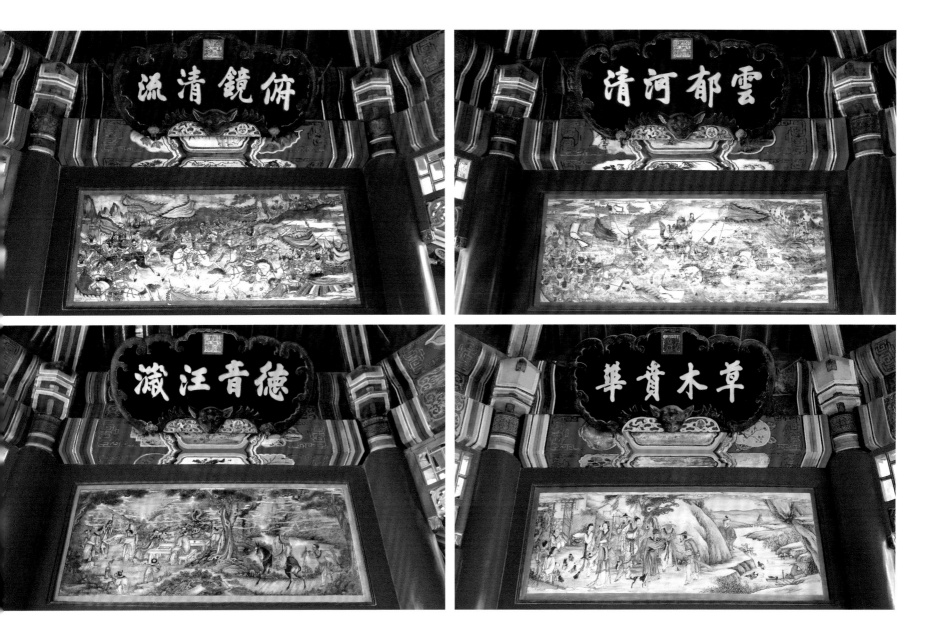

颐和园长廊彩画

中国建筑彩画的形成，基于建筑木构件的表面防护涂层，后被发展演化为含有象征与理想意义的礼制性装饰。颐和园长廊东起邀月门，西至石丈亭，中间穿过排云门，两侧对称建有象征四季的留佳、寄澜、秋水、清遥四座重檐八角攒尖亭，全长728米，是中国古典园林中最长的游廊。廊间的每根梁枋上都有彩画，人物、山水、花鸟、古建等各种彩画超过8000幅，是名副其实的"画廊"，1990年被《吉尼斯世界纪录大全》评为当代世界上最长的画廊！这些彩画故事取材于民间传说、神话故事、中国古典文学名著，内容丰富多彩，其中的四大名著及《杨家将》《岳飞传》《聊斋》等民间故事像是一扇扇历史文化的窗口，寓教于乐，从一幕幕传奇典故中传递礼义道德的信仰。游走在长廊中，既能遮阳避雨、休憩赏景，又能观画明理，历史与现实在画里画外交相呼应，成为一道穿越古今的独有风景。

钟鼓楼

屹立于北京中轴线北端的钟鼓楼（钟楼、鼓楼），是元、明、清三代的报时中心，集礼仪文化、皇家文化、市民文化、建筑文化于一身，在中轴线文化中有着极其重要的地位与影响。梁思成先生曾将北京中轴线比作"凝动的乐章"，而钟鼓楼就是这乐章的动人尾音。城市钟鼓楼可上溯至秦汉时的谯门、谯楼、

鼓角楼等具有报警报时功能的建筑，宋代《营造法式》有"鼓钟双阙，城之定制"之说。钟鼓楼在我国各地均有分布，但北京的钟鼓楼却与众不同。两楼南北纵立，鼓楼在南，红墙黄瓦，钟楼在北，灰墙绿瓦，一胖一瘦，相距百米，彼此呼应，这样的设计在全国钟鼓楼中是绝无仅有的。在周边平缓开阔、青砖灰瓦的民宅映衬下，高耸的钟鼓楼展示出北京城壮美的空间秩序。

在日出而作日落而息的农业社会，掌握时间才能治理天下。在古代，准确掌握时间是一件很难的事情。白天还好办一些，只要不是阴天下雨，大家看太阳就知道大致时间。可到了夜晚，只能依靠城中心的钟鼓之声，人们才能感知时间。我国古时有一套完整的报时系统，把一夜分为5个更次，从晚上7点到次日凌晨5点，每两个小时为一更。北京钟鼓楼作为司时报时的城市功能性建筑，成为帝王实现"敬记天时，以授民也"的重要礼制建筑，通过"晨钟暮鼓"的报时方式"号令全城"，管理国家运行和百姓生活的秩序，以"声与政通，硕大庞洪"的钟鼓之声昭示法度、安定民心。

作为"时间建筑"的钟鼓楼，承载了中国人的宇宙观和时空观，是中国礼制的重要组成部分，声闻于天、生生不息。著名作家刘心武在长篇小说《钟鼓楼》中这样写道："对于这座古老城市所经过的漫长历史，天安门自然是它尊贵的面孔，而钟鼓楼却是它朴素的心脏。"

晨钟暮鼓

唐朝李咸用《山中》诗曰："朝钟暮鼓不到耳，明月孤云长挂情。"

所以人们一般都称之为"晨钟暮鼓"。实际上，正确的称谓应该是暮鼓晨钟。北京钟鼓楼沿用先击鼓后撞钟，即每日报时始于"暮鼓"，止于"晨钟"的"暮鼓晨钟"的报时方法为古都报时。

从外观看，建筑之艺也在钟鼓楼上展现得淋漓尽致。北京钟楼现建筑为清乾隆十年（1745 年）重建，1747 年竣工，为了防火，整个建筑采用砖石无梁拱券式结构。梁、檩、檐、椽、斗拱、暗窗等建筑构件均为石料雕凿而成。在钟楼二层的永乐大钟，堪称中国的"古钟之王"，重约 63 吨，是我国现存最重的铜钟。敲响铜钟时，"都城内外十有余里，莫不耸听"。强大的传声功能得益于其特殊的扩音构造。钟楼一层、二层四面正中各开一个券洞，构成"十"字形空间，上下层中部贯通，形成特有的共鸣腔，相当于一个巨大的扩音器，便于钟声传播。用现代科学仪器测量，当钟声在 110 分贝时，10 千米处仍能听到。鼓楼二层有 25 面更鼓，包括 1 面大鼓（代表一年），24 面群鼓（代表二十四个节气）。钟鼓楼报时钟、鼓敲击方法相同，均为 108 声，俗称"紧十八，慢十八，不紧不慢又十八"，快慢相间敲两遍，共计 108 声。之所以敲 108 声，是因为中国古人用"108"代表一年，包括一年 12 个月，24 个节气，72 候（古人 5 天为一候，一年共有 72 候），三者相加刚好 108。

在深沉有力的鼓点与浑厚清扬的钟鼓声之间，日夜交替，岁月更迭。作为时间的守望者和刻度者，钟鼓楼曾是封建皇权的象征，也是都城的标配，它们曾见证昔日的古都的繁华，如今也同享着盛世的荣耀。沧桑变幻，岁月沉浮，代表着时间秩序之美的暮鼓晨钟与市井生活相知相交，相融相和，共同奏响新时代北京城市发展的华彩乐章。

雍和宫

雍和宫始建于 1694 年，是藏传佛教在北京地区著名的皇家寺院。历史上的雍和宫曾是清朝雍正皇帝承接皇位前的住所，也是乾隆皇帝的出生之地。1725 年，雍正即位后，将雍亲王府改为行宫，定名雍和宫。1744 年，乾隆皇帝将雍和宫改为藏传佛教的皇家寺院。从住宅到寺庙，雍和宫以同样的结构形式满足事神与事人两种完全不同的功能，恰恰体现出五字联结理论"建筑之器"中"以不变应万变"的了不起之处。

雍和宫的面貌也曾因礼制需要改变。1735 年，雍正皇帝去世后，其灵柩停放在雍和宫。为符合帝王的身份，乾隆皇帝下令在 15 天内，将雍和宫主要殿堂原绿色琉璃瓦改为黄色琉璃瓦，晋升为与紫禁城皇宫一样的规格。通过改变屋顶颜色以快速适应礼仪需求，也从一个侧面反映了中国建筑不变的文化内核——礼。

恭王府

恭王府建于清乾隆年间，前身为乾隆宠臣和珅的宅院，后又成为恭亲王奕䜣的府邸，在现存清代王府中，是唯一保留原有建制的一座王府。它见证着清王朝的兴衰，有"一座恭王府，半部清代史"之称。府邸布局按大清王府规制，中轴线对称，分为中、东、西三路建筑，由多进四合院纵向组成，规格严整，气势宏伟。主路为礼仪性建筑，以正殿银安殿为中心，前殿后寝，共五重殿宇，在建筑规格、装饰、用色上严格依制建设，如府门前设石狮一对，每门金钉六十有三，琉璃瓦为仅次于黄色的绿色琉璃瓦等。府邸后的萃锦园，融江南园林艺术与北方建筑格局为一体，汇西洋建筑及中国古典园林建筑为一园，被誉为"什刹海的明珠"。因其与《红楼梦》中描绘的大观园十分相近，在清末就已流传着恭王府及什刹海周边一带即是《红楼梦》中的贾府和大观园的说法。

福文化

北京人常说："到故宫要沾沾王气，到长城要沾沾霸气，到恭王府就一定要沾沾福气！"这福气就来自恭王府内的"福"字碑。"福"字为康熙御笔亲题，加盖有"康熙御笔之宝"印玺，有着"天下第一福"之称。一个字中包括了"多子、多田、多才、多寿、多福"多个汉字，"五福"合一，且"田"字尚未封口，寓意洪福无边。在中国传统文化中，"蝠"与"福"谐音，蝙蝠就成为福气的象征。恭王府建筑就充分利用蝙蝠的象征意义，以蝙蝠造型贯穿整个建筑，如彩绘中的蝙蝠、形似蝙蝠的恭王府花园"福池"、装饰蝙蝠形象的后罩楼砖雕什锦窗等。据说园中建筑上共有九千九百九十九只蝙蝠，加上康熙御笔的"福"字碑，正好一万个"福"字。

明十三陵

明十三陵位于北京市昌平区天寿山南麓，是明朝十三位皇帝的陵寝建筑群。陵寝建筑选址最讲究"风水"，绵延起伏的山峦似张开的手臂环抱着陵园，建筑与环境融为一体。十三陵的陵寝建筑均由神道、陵宫及其附属建筑三部分组成。其中，长陵的神道规模最大，像树干一样由此连通其余诸陵，因此长陵神道又被称为"总神道"。它全长 7.3 千米，由南向北依次分布石牌坊、下马碑、大红门、神功圣德碑亭、石华表、石望柱、石像生、棂星门、五孔桥、七孔桥等建筑，威仪有序，气势恢宏。

十三陵石像生

明十三陵神道两侧的 36 尊石像生，有或立或卧的狮、獬豸、骆驼、象、麒麟、马等神兽，以及将军、品官、功臣等立人，恭敬地迎候着、护卫着帝王。中国建筑之艺关于布局的智慧也映射到陵寝建筑中，十三陵各陵区的布局遵循宫殿建筑前朝后寝的格局，将一系列围绕礼敬祖先思想设计的建筑有序排列展开，一如帝王生前所居，体现了古人"事死如事生"的思想。

定陵地宫

明十三陵的定陵是明朝第 13 位皇帝神宗朱翊钧，也就是著名的万历皇帝及其孝端皇后、孝靖皇后的合葬陵，位于北京市昌平区大峪山东麓，是迄今唯一一座经过发掘的明代帝王陵。定陵地面建筑的总布局，呈前方后圆形，含有中国古代哲学观念"天圆地方"的象征意义。定陵地下宫殿由前、中、后、左、右五座高大的殿室组成。后殿是地宫的主殿，室内地面铺砌花斑石石板，里侧居中设有放置棺椁及随葬品的棺床。中殿地面铺砌金砖，室内陈设着神座、五供和长明灯。地宫的内部没有梁架，顶部为石拱券，显得相当高大，体现出中国工匠的石作技艺之高。在建筑用材上也极其考究，不仅有金丝楠木、汉白玉石和花斑石，而且还有专为定陵烧造的城砖和铺地金砖，尽显无上皇权。1956 年 5 月，经国务院批准开始对定陵地宫进行考古发掘，定陵成为唯一一座经过发掘的明代帝王陵。地宫出土了 3000 余件文物，其中的金冠、凤冠、衮服等都是珍贵的文物精品。遗憾的是，发掘后因文物修复保护技术能力不足造成部分文物损坏，留下沉痛遗憾。定陵地宫的石作技艺，反映出中国匠师并非缺乏相关技艺，只是受礼制约束并未充分施展，而且在装饰上还呈现出石仿木的特征，这在技术上不得不说是一种遗憾，却也是中国之道的一种反映！

康熙景陵

明十三陵的布局经营在满足礼制功用的同时，与山川、水流等自然环境因素密切结合，达到了极高的艺术境界，从而对清东陵、清西陵的建制产生了深远的影响。

清康熙皇帝景陵是清朝入关后在关内建造的第二座帝陵。在康熙朝之前，都是死后建造帝陵，康熙帝为了安葬早逝的皇后，决定在孝陵附近堪舆万年吉地建造帝陵，因此开创了皇后先于皇帝葬地宫的先河。

受汉族的丧葬文化影响，清景陵也是清朝皇家陵寝中第一个废除满族火化，将尸体葬入棺椁的陵寝，其建筑风格及丧葬形式大多为后世所效仿，起到了承上启下的作用。但是，也正因如此，棺椁中往往有丰厚的陪葬，造成皇陵饱受盗墓之患。在清东陵中，唯一没有被盗的帝陵就是顺治皇帝也就是康熙父亲的清孝陵，是因为顺治皇帝提倡简葬，并且实行火化后安葬，因而免受了军阀盗墓之害，真可谓塞翁失马，焉知非福。

以景陵为代表的清代皇家陵寝是中国古代陵寝的最后辉煌，一系列礼仪建筑呈现轴线合院式的特征，并以百尺为形，千尺为势的尺度进行总体视觉控制，将单体建筑的精致之美，森严秩序的布局之美，以及山川形胜与陵寝建筑天人合一的和谐之美融为一体。

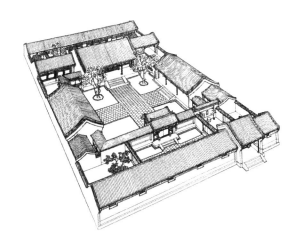

北京四合院

北京四合院独门独户，通常由正房、厢房、倒座房等组成。正房置于中轴线北端，两侧按照长幼有序、左尊右卑、男外女内等伦理思想对称排列厢房、耳房等建筑，四面有廊子贯通，围绕成一个规整的院落。从布局到功能，四合院实现了对中国人道德礼仪观念的实体化，不但记录了北京城的发展历史，也见证了人们生活的喜怒哀乐。四合院一般仅以大门与外面相通，具有很强的私密性，院内则是一派和谐温馨、其乐融融的小天地。院落往往开阔疏朗，四周房屋各自独立，又有游廊彼此连接，生活起居十分方便。夏天，四合院中搭凉棚、挂竹帘、糊冷布来避暑；冬天，四合院中有火炕和火炉可以取暖。"天棚、鱼缸、石榴树，老爷、肥狗、胖丫头"，四合院昭示着人与人、人与自然的和谐关系，让居住者尽享大自然的美好。

虽然世界各地也不乏合院建筑形式，但只有中国的合院是将户外变成屋内的一部分，这种建筑与自然和谐共存的形式，在一定程度上反映出中国人的理想居所原型，也可以说是中国礼制社会的实体模型。

长城

"上下两千多年，纵横十万余里"，万里长城自公元前七八世纪开始修建，延续不断修筑了 2000 多年，是世界上修建时间最长、工程量最大、体量最长的军事建筑。气势磅礴的万里长城犹如一条巨龙，穿越黄土高原、崇山峻岭、江河湖海，横卧于中国北方大地。多样的水土风貌汇集了各地工匠的智慧，在建筑材料和建筑结构上遵循"就地取材、因材施用"的原则，创造了多元的营造方式。

我们印象中最具代表性的砖长城其实数量并不多，占长城总量不到 40%，而土长城占到总量的一半以上，石长城占总量的 20% 以上。除砖石混合、夯土、块石片石等结构外，在沙漠环境中还有利用红柳枝条、芦苇与砂粒层层铺筑的结构。因地制宜，巧夺天工，长城成为匍匐在中国大地上汇聚自然与人文风貌的一条巨龙。

关城与烽火台

长城不只是一道单独的城墙，而是由城墙、敌楼、关城、墩堡、营城、卫所、镇城、烽火台等多种防御工事组成的一个完整的防御工程体系。烽火台原本是独立的军事建筑，但自长城出现后，长城沿线的烽火台便与长城紧密呼应，有的甚至就直接建在长城之上，人们经常会将敌楼与烽火台混淆。在烽火台上，白天施放烟雾、夜晚点燃烽火以传递军情。"烽火戏诸侯"的故事，便是由此景而来。战争时期，关城是系统完备的军事防御体系；和平时期，它变成贸易场所，管理商贸往来，提供驿站服务，进行"茶马互市"。长城可能是世界上唯一一个以和平为祈愿的军事建筑，如同以和为贵、不尚武力的中国人。长城为保障和平而修建，不是阻碍互通的边界，而是经济文化交流的纽带，以及不同民族之间和平友谊的象征。

兴城古城

清太祖努尔哈赤怎么都没有想到，自己这个战无不胜的沙场老将，会败在一个名不见经传的小城之下，这座小城，就是现在位于辽宁省葫芦岛市兴城市老城区的兴城古城（宁远古城）。努尔哈赤在 1626 年的这场败仗，是明军与后金（清朝的前身）军交战以来所取得的首次重大胜利，明朝方面称之为"宁远大捷"，也直接导致了努尔哈赤在八个月后郁郁而终。这一仗让明朝续命十八年，可以说改写了中国历史。次年，也就是 1627 年，继位的皇太极统军又攻宁远城，再败城下。为什么强大的后金军却拿这么一座小城束手无策？除了明末名将袁崇焕在战役中的运筹帷幄，以及对当时的先进武器——"红夷大炮"的合理运用之外，宁远城的规划与建筑布局更是起到了至关重要的作用。

兴城古城雄踞辽西走廊中部咽喉之地，辽圣统和八年（990 年）始称兴城。明宣德三年（1428 年）明朝廷在此设卫建城，赐名"宁远"，明代称宁远卫城，清代称宁远州城，1914 年重新启用兴城之名，沿用至今。古城呈正方形，城的四面正中皆有城门，门外有一个与众不同的半圆形瓮城，一看就是以军事功能而造。城墙基础青色条石，外砌大块青砖，内垒巨型块石，中间夹夯黄土。城上各有两层楼阁、围廊式箭楼，各有砖砌甬道。四角高筑炮台，突出于城角，用以架设红夷大炮。直到明朝灭亡，宁远城依旧没有被清兵攻破，而袁崇焕的大炮火器上城墙的战术也被许多军事专家津津乐道。这种专门用于拱卫京城的关外军事城镇，就像是象棋中过河的小卒，虽远离京城，却与京城安危息息相关，在建筑风格上也是一脉相承。

一座宁远城，半部明清战史，成为大多数人来到这里的理由。如今城楼之上，在"袁"字旗帜的飘扬中，小城的历史与传奇将会不断地被翻开并延续下去。

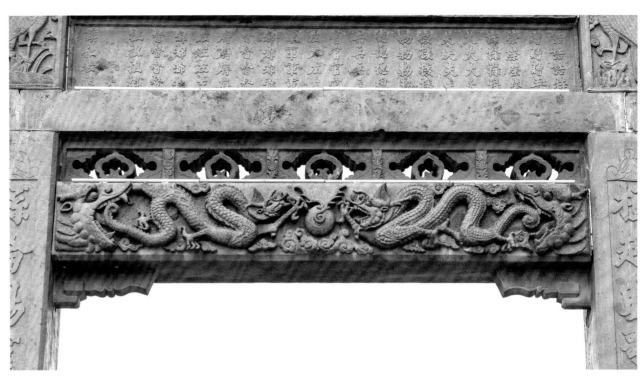

祖氏牌坊

兴城因明末名将袁崇焕的"宁远"与"宁锦"两次大捷而闻名天下，然而，尽管如今城内"袁"字旗随风飘扬，但城内两座用以表彰的石牌坊却不是为袁崇焕而立，而是明末的崇祯皇帝为祖氏兄弟而建造的，目的就是向当地人和世人表彰其兄弟俩的丰功伟绩。皇帝为兄弟俩在同一条街上各建造一座牌坊的情形在中国非常少见，因此兴城的祖氏牌坊有着独特的文物与文献价值。

两座牌坊由灰白花岗岩仿木结构建造而成，是三间四柱五楼的单檐庑殿顶式牌楼。雕花栩栩如生，造型逼真，刻有动物、植物、人物，雕刻精细。既兼具南方牌楼的精细华丽，又彰显出北方石营造的庄重威严，成为兴城这个北方军事重镇的精神象征。

明崇祯三年（1630年），崇祯皇帝中反间计误将袁崇焕凌迟处死后，镇守明朝宁远城的责任落到了祖氏兄弟俩的身上。崇祯皇帝为笼络、安抚袁氏部下，先后为镇守辽西的大将祖大寿、祖大乐堂兄弟建旌功牌坊，以让他们继续效忠朝廷。然而，谁也没想到的是明皇帝心中忠心耿耿的祖大寿，在不得已的情况下却向八旗军投降，这两座祖氏牌坊由此成了明政府的笑话。也许，这并不多见的两座牌坊，反而早已暗示了兄弟二人的"贰臣之心"。尽管兄弟二人因投降而善终，但是在清朝编纂的《贰臣传》中，二人则赫然在册，这两座牌坊也就成了兄弟二人心头永远无法愈合的伤疤了。

（部分内容由兴城政协提供）

南禅寺

晋派只是一个泛称，不仅指山西一带，还包括陕西、甘肃、宁夏、河南及青海部分地区。在这些地理风貌接近的地区，以山西的建筑风格最为成熟，故统称为晋派建筑。

"地上文明看山西"，充分说明了中国古建在山西地区的数量之多。山西为何会拥有如此众多且珍稀的古建筑呢？关键是独特的水土条件。山西地处我国地形第二级阶梯北部的黄土高原，春、夏、秋、冬四季分明，夏季干热少雨，冬季严寒。因此，木结构为主体的古代建筑物不易受潮而霉腐，而冬季的严寒灭杀了专以木材为食的蛀虫。山西的山区较多，纵横的山脉成为气候稳定的天然屏障，众多错落的山峰非常有利于排水，从而减少了建筑物的洪涝风险。纵横的山区切碎了适于营造的平原地带，也造就了交通的不便，使得古代建筑不能集中地分布在某一个区域内，碎片化的营造条件，使山西古建呈现"星罗棋布"的分布特征。这种地理以及气候上的特点，以及看似并不优越的营造条件，反而使得晋派建筑侥幸躲过了天灾人祸，留下了众多的古代木建筑。

一般来讲，众多的晋派建筑的代表主要有三类。最为人熟知的一类是文化历史类建筑，特殊的地理地貌，留下了北魏、唐、宋时期以来的一系列寺庙、祭祀遗迹等人文遗产。在山西现存的近三万处古建筑文物之中，宋、辽、金三朝之前的木构建筑约占全国的四分之三，而元代的木构建筑更是十有七八在山西，

仅存的三座唐代木结构建筑更是全部位于山西。如果说中国建筑是一部木头的中国史诗，那么这部书的重要内容都是由山西贡献的，而其中最精彩的一部分就是文化历史类建筑。

第二类是窑洞建筑，这也是西北地区分布最广的一种建筑风格。窑洞建筑可以说是北方建筑的起点，是人类最古老的定居形式——"穴居"的改良与发展。黄土高原的优质土壤不但容易挖掘，不易坍塌，且非常保温，可以说是最绿色环保的营造方式。祖先们正是通过窑洞才逐步在相对贫瘠的黄土高原生存、繁衍和壮大起来的。窑洞建筑有靠崖式、下沉式、独立式三种营造方式。穴居式的古老居住方式，粗犷的窑洞设计，表面是以土为体的普通民居，本质却是大河文明沉积数千年的历史与文化。

山西丰饶的黄土与煤炭资源也为砖瓦的大量烧制提供了可能，在人们不断追求家园坚固的过程中，耐用的砖瓦开始普及进千家万户，人们也逐渐脱离黄土，开始了独立的营造。据说，中国现存最早的砖木结构民居建筑便诞生于元代的山西。从"靠崖式与下沉式"到"独立式"的窑洞营造，人们一步步走出山区，走向了自由建造的广阔天地，为大院民居建筑的兴起打下了基础。

第三类就是大院民居建筑。明朝北方边防促进了晋商的兴起。勤劳的晋商，在财富积累并吸收官派建筑风格的基础上，开始形成自己的建筑风格。晋商们四处奔波，在各地建设票号、会馆，这种走遍全国的眼界，使山西的民居融合了多元的建筑元素：徽州的马头墙在晋南民居中不难见到；苏州园林的曲墙在山西随地势而蜿蜒；甚至西洋的建筑样式，也成为寻常风景。合院式的布局不仅用于居住，亦可随功能的转换变身为书院、衙署、宗祠、戏院等。商贾豪门还将多个院落拼合成一个个大院，有的甚至效仿京城的皇宫王府布局，在礼制约束的边缘，形成了晋派建筑的第三种建筑类型。由此，晋派建筑在晋商走南闯北的见识中，化土为砖，规矩方圆，由窑洞演变为一个个稳重大气、严谨深沉、秩序井然的深宅大院，在历史大浪的翻涌之下，成为中国建筑史中一颗颗闪光的金粒。

南禅寺

山西拥有我国仅存的三座半唐代木构建筑遗迹中的完整三座，分别是南禅寺、佛光寺、广仁王庙。南禅寺是梁思成先生失之交臂的亚洲最古老木建筑，早于佛光寺东大殿七十多年，是我国现存最古老的一座唐代木结构建筑。

唐德宗李适继位后的第三年（782 年），僧人法显带领村民热火朝天地重建村内寺庙。虽是山野村庙，但其造像规格样式都一丝不苟地仿制五台山名寺气派。这座沿袭"南禅寺"旧名的村庙，因地处偏僻、规模较小，不被州府、县志所辑，幸运地躲过了 845 年的"会昌灭佛"。

整个大殿建筑坚实、质朴、苍古、秀雅，反映了唐代的建筑风格。大殿建成一千多年来，历经五级以上的地震八次，均未受到大的损坏，皆因用材断面合理，纵横构件牢固，其力学与美学的巧妙结合，彰显中唐时期的建筑技艺已普及到偏僻乡村。

梁思成、林徽因与营造学社其他成员因为战争错过了距离佛光寺 50 千米的南禅寺。直到 1953 年，这座被遗忘在山野间的千年古刹才被发现。既幸运又坎坷的命运，使南禅寺拥有不一样的美感。可谓是"空有胜景孤坐处，世间已过一千年"。

佛光寺

佛光寺全称"佛光真容禅寺"，因置额闻名，它没有南禅寺的幸运，在皇权兴法灭法中几沉几浮。佛光寺被称为"中国木构架建筑的活化石"。佛光寺东大殿内外柱同高，"神圣空间"与"世俗空间"明显分隔，而礼佛空间不仅包含室内，也外延到室外高台，乃至对周遭自然景观的充分利用。它的发现令中外建筑界为之震动，并一举改写了日本建筑史学家书中关于中国无唐代木构架建筑遗存的断言，使中国木构架建筑成为名副其实的世界建筑奇迹。

1937年，梁思成和林徽因等营造学社学者根据《敦煌石窟图录》中"大佛光寺"的记载，按图索骥发现佛光寺，揭开了"中国第一国宝"的面纱。更为神奇的是，林徽因通过东大殿梁下的墨迹，推断出这座寺庙的施主竟然是位女性，于是，两个同样美丽的女子，一千多年后在这辉煌的庙宇中邂逅。

"佛光寺一寺之中，寥寥几座殿塔，几乎全是国内建筑的孤例：佛殿建筑物，本身已经是一座唐构，乃更在殿内蕴藏着唐代原有塑像、绘画和墨迹，四种艺术萃聚在一处，在实物遗迹中诚然是件奇珍。"

——梁思成

圣母殿与鱼沼飞梁

晋祠圣母殿

山西省太原市的晋祠为纪念周武王次子叔虞而建，是少有的大型祠堂式传统园林，被誉为"山西小江南"。晋祠的圣母殿初建于北宋，是祠内主要建筑，坐西向东，位于中轴线终端，是为奉祀姜子牙的女儿、周武王的妻子、周成王的母亲邑姜所建，故称圣母殿。

圣母殿建筑的殿堂梁架是中国现存古代建筑中唯一符合《营造法式》殿堂式构架形式的孤例，前廊进深两间，采用了"减柱"法设计而显得特别宽敞。所谓"减柱"，就是在应有柱子的地方不放柱子，以增加建筑室内的空间。减柱法不但有效减少了空间的视线阻隔，增加了高大神龛中圣母的威严，而且为设置塑像提供了自由宽阔的空间便利条件，还在前廊营造出宽阔的祭祀空间。由前廊进入殿内，光线由亮转暗，使朝拜者的心境也随之沉静。殿周柱子均向内倾，形成"侧角"，平柱至角柱逐渐升高，造成"升起"，致使屋檐曲线弧度显著，不但增强了建筑的稳定，而且增强了建筑造型的艺术美。

鱼沼飞梁指的是圣母殿前的古桥建筑，是我国现存最早也是唯一的木结构十字形桥梁建筑，同时是世界上唯一保存完整的古代十字形桥，被称为世界最早的水陆"立交桥"。古人以圆者为池，方者为沼，此沼为晋水第二大源头，因其流量甚大，游鱼甚多，所以取名鱼沼。沼内立 34 根小八角形石柱，柱顶架斗拱和枕梁，承托着十字形桥面，整个造型犹如一只欲展翅飞舞的大鸟，故称飞梁。殿前汇泉成方形鱼沼，上架十字形平面的桥梁起殿前平台作用，构思甚是别致。桥梁充分利用材质在环境中的特长——石柱在水中耐腐，木材具有韧性与塑性，石桥板耐磨、防火，达到了桥梁坚固、美观、耐久的效果。建筑学家梁思成先生曾赞叹道：此式石柱桥，在古画中偶见，实物则仅此一孤例，洵属可贵。

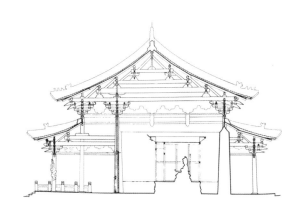

圣母殿雕塑

晋祠圣母殿前檐柱上缠绕着 8 条木雕蟠龙，盘曲自如、怒目利爪、栩栩如生，是中国现存最早也是仅存的木雕龙柱实例。龙身分数段组合而成，盘绕固定于檐柱上，呼之欲出之势大大提升了建筑立面的气势，极尽庄严威仪。除盘龙柱外，晋祠圣母殿内的檐下斗拱雕饰，以及殿下与殿旁的铸铁神像等雕塑，与前代相比都更加注重装饰性，反映了晋祠圣母殿是中国古建史承上启下之作的典型代表。梁思成在《图像中国建筑史》中指出，中国古建筑从唐、辽的豪劲时期，走到了北宋始创的醇和时期。至此，大唐的雄健大气褪去，呈现出大宋的优美典雅，却也在某种程度上，提前预告了明清时期的建筑风格演变。

应县木塔

塔，这一源于古印度佛教文化的建筑类型，伴随两汉时期佛教渐传入中国，与我国传统的楼、阁建筑相结合，能完美诠释中国人"天人合一"的世界观，逐渐成为中国建筑文化的象征物，其中最具代表性的应该是佛宫寺释迦塔，因其地处应县境内，便被约定俗成地称为"应县木塔"。这座宝塔建于辽清宁二年（1056 年），是我国现存最古老且最高大的纯木结构塔式建筑，与意大利比萨斜塔、巴黎埃菲尔铁塔并称为"世界三大奇塔"。

应县木塔塔顶铁刹的设置方法与工艺，是所有中国木建筑应该学习推广的，铁刹由全铁制成，中间有铁轴一根，插入梁架之内，四周八条铁链沿塔八角引入地下，形成了一套完整的避雷设施。只可惜这套营造经验并未被推广，使得大量珍贵的木建筑损于雷火之灾，即便如紫禁城的太和殿也未能幸免！而且应县也经历多次战火洗礼，尤其是 20 世纪 30 年代军阀混战时，200 发子弹和 1 发炮弹曾打入木塔，至今留有弹痕。宝塔在 2016 年正式获得吉尼斯世界纪录的认定：全世界最高的木塔。登塔不仅能俯瞰应县，还可远眺恒山，可谓是"远看擎天柱，近似百尺莲"。

木塔采用内槽柱和外檐柱双层套筒结构，与现代高层建筑采用的"内外筒体加水平桁架"的结构体系有异曲同工之妙，因此被称为"现代高层建筑筒体结构之先驱"。塔身通过巧妙"多层叠合"形成外五内九的建筑空间。应县木塔有"斗拱博物馆"之称，全塔上下有五十余种不同形式、成百上千朵斗拱，各个斗拱之间均为有空隙的柔性衔接，当受到破坏性外力的作用时，各木构件之间能产生一定的位移和摩擦，从而可以吸收和损耗部分能量，有效地化解受力的变形。同时，木塔内槽外檐的平座斗拱与梁枋等组成的结构层，使内外两圈结合为一个刚性整体。这样，卯榫结合，刚柔相济，力与美合二为一，从而屹立千年而不倒。据记载，元代大地震时曾连震7日，塔房房舍全部倒塌，只有木塔岿然不动。

永乐宫

永乐宫原名大纯阳万寿宫，建于 1247 年至 1358 年间，是我国现存唯一的元代官式建筑群，也是中国现存最大、保存最为完整的道教宫观，同北京市的白云观、陕西省鄠邑区的重阳宫并称为全真道教三大祖庭。

在建筑结构上，永乐宫使用了宋代"营造法式"和辽、金时期的"减柱法"，尤以壁画艺术闻名天下。这里的壁画留存了"曹衣似水，吴带当风"的唐、宋绘画遗风，又融合了元代绘画特点，最为恢宏的三清殿《朝元图》壁画总面积 403.34 平方米，描绘了 286 尊天神地祇，疏密有致、顾盼呼应，统一中富有变化，是我国中原地区现存画技最高、画面最大、保存最为完整的古代绘画精品，堪称中国绘画史上的奇迹。60 多年前，为配合黄河三门峡水库修建，永乐宫建筑及巨幅壁画经历了一次世所罕见的"乾坤大挪移"，成功实现整体搬迁保护，体现了中国建筑之艺多、快、好、省以及"了不起"的模块化特征。770 余年的永乐宫异地重建而毫发无损，充分反映了中国建筑生生不息的"永恒"之道。

琉璃，出自古代波斯、龟兹等国，常制成器皿，作为贡品传入中国。早在北魏时期，山西地区就已经开始在营造宫殿之时，加入了琉璃的装饰，既美观又防水耐用。由此，从宋代开始，琉璃制品广泛用于宫廷、衙署、寺庙和祠宇等大型建筑上，并形成规制。永乐宫最珍贵的琉璃是元代琉璃鸱吻，这尊 3 米余高的琉璃鸱吻非常壮观，色彩中以黄、绿、蓝三彩为主，细节处也非常丰富传神。

悬空寺

悬空寺是我国现存时间最早、保存最完整的高空木构摩崖建筑，最高处的殿阁底部距离下方河谷约 90 米，是中国古代建筑中最奇特的"空中楼阁"，从北魏时期至今保存 1500 多年，得益于其了不起的选址和建造技艺。山西金龙峡翠屏峰上，山壁的形状如同将一口大锅立起来，这样就能够保护其中的建筑免受风吹、雨淋、落石以及日晒的侵蚀。工匠们在山体上打出 2 米多深的孔，深入石孔的横梁仅留 1 米露在外面，形成强有力的杠杆，承担起悬空寺的重量，再在横梁上铺木板，靠这种方式在悬崖上修建起 40 间大小殿，寺庙应有的布局、形制无一缺少，巧妙地将平地上传统的寺院布局立体化，成为"竖起来的寺院"。难怪遍览五岳的诗仙李白唯独在此题写"壮观"二字，因无法用语言描述其雄伟，在"壮"字右边多添了一个点，来感叹其营造智慧的了不起。

平遥古城

山西平遥古城是中国四大古城之一（其余三座为徽州古城、丽江古城与阆中古城），也是中国以整座古城申报世界文化遗产并获得成功的两座古城之一（另一为丽江古城），是我国明清时期古代城市的活样本。

古城由城墙、店铺、街道、寺庙、民居等共同组成一个庞大的建筑群，以市楼为轴心，以南大街为轴线，形成左城隍、右衙署，左文庙、右武庙，东道观、西寺庙的轴线对称格局。平遥城墙规模宏大，总周长6163米，墙高约12米，现存有六座城门瓮城、四座角楼和七十二座敌楼。俯瞰整座城池，宛如神龟，因此有"龟城"之称。六座城门象征龟的肢体，其中南门为龟首，北门为龟尾，上下东西四门为它的四肢。平遥古城内还保存有四大街、八小街，七十二条蚰蜒巷，犹如龟背纹图。这座距今已有2800多年历史的县城交汇着历史与现实，如其"神龟"形态的美好寓意，康乐永寿、金汤永固。

王家大院

俗话说"王家归来不看院"，说的就是清代民居建筑的集大成者——山西王家大院。它由静升王氏家族经明清两朝、历300余年修建而成，总面积达25万平方米，包含大小院落上百个，房屋1118间。地处黄土高原的王家大院，根据建筑基地的水土及坡地特征，采用了当地特有的窑洞式建筑形式，同时又与青砖瓦梁柱式木结构建筑相结合，形成既与北京四合院相近但又富有地方特色的院落。这种石窑木构相结合的房屋有两种形式：一是单层窑洞外罩柱廊；二是二层窑楼，即底层为窑洞，有的外罩柱廊，上层为梁柱式瓦屋。门窗、廊柱等细部装饰以精致的砖雕、木雕、石雕，体现了清代纤细繁密、细腻入微、"外雄内秀"的艺术风格。

与北京四合院建筑有所不同的是，围合院落多为单坡硬山建筑，单坡建筑就像是人字坡的屋顶被从中砍断一样，除了为满足因缺水而形成的雨水收集功能，以及由此引申的"肥水不流外人田"的寓意之外，也有增加建筑一侧高度用以防盗防匪的实际需求。尤其是北侧正房多为二层，避免了逐渐抬升的山地地形所引发的隐私与安全问题。

王家大院在整体布局上沿袭了中国传统的前堂后寝、多进庭院的格局，在功能和方位上处处体现了尊卑、长幼、男女、内外之别的礼仪秩序。由于王家人多在南方做官，因此又在方正端庄的四合院内引入了江南园林的自然意趣，形成前园后宅的格局，足不出户即可遍览南北风光。

乔家大院

乔家大院，又名"在中堂"，取"坚守中庸"之意，位于山西省祁县乔家堡村。整个院落呈双"喜"字形，是乔氏家族基于宗族礼制与治安等因素，将家族几个建筑连接起来而形成的城堡式建筑群。院四周筑以全封闭堡墙，具有极强的防御性与私密性。一条平直的甬道将全院六栋大院分隔两旁，形成院中有院、院中有园的格局。各院房顶上有走道相通，用于巡更护院，显示了中国北方封建大家庭的居住格调。乔家大院不但有整体美感，而且在局部建筑上各有特色，即使是房顶上的140余个烟囱也都各有特色。乔家大院体现了中国清代民居建筑的独特风格，被专家学者称为"北方民居建筑的一颗明珠"，素有"皇家有故宫，民宅看乔家"之说。著名影片《大红灯笼高高挂》就是在乔家大院取景拍摄的，假如你在院中闭目聆听，剧中梅珊唱的《红娘》选段仿佛还萦绕在房梁屋脊之上。

碛口窑洞

始建于汉代的山西碛口村的窑洞是"靠山式"窑洞的代表。在崖壁上开挖的半敞式窑洞依群山而建，呈阶梯式叠置，多达十一层，构成了一个聚居的古村落。大型的单体窑洞宽 3 米，高 6 米，长 16 米，宽敞舒适，避暑节能，且就地取材，是真正的绿色建筑。大多数窑洞还带有院落，下一家的房顶是上一家的庭院，大户人家还建起两进、三进的窑洞四合院落。

当代著名画家吴冠中曾到碛口窑洞写生，感叹"这里从外部看像一座荒凉的汉墓，一进去是很古老很讲究的窑洞。古村相对封闭，像与世隔绝的桃花源。这样的村庄，这样的房子，走遍全世界都难再找到"。

河南陕州地坑窑洞

下沉式的地坑窑洞是在地面上向下开挖的窑洞。河南陕州地处黄土高原的边缘，接壤山陕。这个地区地下水位较深，少雨干旱，这种独特的地理气候条件，是地坑院出现并延续千年的主要原因。地坑窑洞掘地为坑，坑四壁凿洞而居，可以看作是一种窑洞天井四合院，当地人叫"地坑院"，也叫"天井窑院"。地坑院一般选址在地势开阔的平地之上，先挖一个深 6~8 米的方形深坑，然后在四壁上凿出窑洞，在一角挖出通往地面的通道。因为少雨，人们需要在院子中央挖出一眼"渗井"用以取水、存水，并在地面上天井四周砌上矮墙。如果到这样的村落参观，会看到很有趣的现象：村头只闻鸡犬之声，只见炊烟袅袅，看不到房屋、人影，走进村子，一座座地坑院里，是热火朝天的，最接"地气"的生活。可谓是"进村不见房，闻声不见人。院落地下藏，窑洞土中生"。

拙政园

苏派建筑是江浙一带的建筑，山环水绕、曲径通幽、历史悠久，园林式布局是其显著特征之一。谈及苏派建筑，大多数人首先会想到的是苏州园林。园林本是建筑中的一系旁支，但唯有苏派建筑能把这段旁支发展成一门成熟的建筑艺术，让其他园林都望尘莫及。

苏州地处长江三角洲，土地肥沃，河流众多，境内又有京杭大运河穿过，西部的太湖还盛产太湖石。丰富的物产以及发达的水运商贸，造就了"上有天堂下有苏杭"的繁荣景象。与晋派建筑群山起伏的旱地碎片化地貌条件有所不同，苏派建筑营造面临的是水陆交错的碎片化湿地地貌，由此，"理水"成为营造的首要问题。独特的地理条件，富庶的经济条件，丰厚的人文条件，从而催生出了"园"大于"屋"、以"水"为中心的独有建筑形式——园林，也就造就了"江南园林甲天下，苏州园林甲江南"的建筑风貌。

园林是一种宅园合一的建筑形态，不但可居而且可游，成为文人"大隐隐于市"的理想之所，在一个小空间营造出了一个大世界。造园师通过水池、假山、植被、建筑进行整体性的规划，犹如一桌盛宴不同的菜品，干果、凉菜、热菜、汤菜、主食合理搭配，依次有序展开。犹如苏派的饮食一样，用料广泛、技法多样、刀工精细、刀法多变，追求材质本身的美感，清鲜平和，适应性强，反映在建筑营造上，则是巧妙地运用了对比、衬托、对景、借景，以及尺度变换、层次配合和小中见大、以少胜多等多变的造园艺术技巧和手法，将亭、台、楼、阁、泉、石、花、木各种材料组合在一起，极具适应性尽显一方水土的精巧与雅致。

位于苏州太湖之滨的香山地区，自古出能工巧匠，因从业者技艺不凡，人称"香山匠人"。就像"苏菜"的精细一样，香山匠人以木匠领衔，集泥水匠、漆匠、堆灰匠、雕塑匠、叠山匠、彩绘匠等古典建筑工种于一体的建筑工匠群体，擅长复杂精细的中国传统建筑技术，他们将汉族传统建筑技术与建筑艺术巧妙结合起来，创出了中国建筑史上的重要匠人一脉——香山帮，他们的技艺不只出现在江浙一带，即便地处北京的紫禁城营造，也处处有香山帮的身影。

文人的介入，使得苏派建筑有了独具一格的情趣。造园者以文人精神为核心，运用独特的造园手法，在有限的空间里，通过叠山理水，栽植花木，配置园林建筑，并用大量的匾额、楹联、书画、雕刻、碑石、家具陈设和各式摆件等来反映古代哲理观念、文化意识和审美情趣，从而构建了一个充满诗情画意的文人写意山水园林，真实地体现了"虽由人作，宛若天开"的艺术境界。文人的思想加持与匠人的技艺精湛，形成了自然、建筑、人文的三位一体，表现出中国第一代建筑大师童寯先生在其著作《江南园林志》中所描绘"疏密得宜""曲折尽致"与"眼前有景"的"园林式"平衡美学，也成为当下中国建筑师的思考源泉，给了中国建筑从传统到现代转译的一个重要启示。

拙政园

建于明代的拙政园位居苏州古典园林之首，与苏州留园、北京颐和园、承德避暑山庄并称中国四大名园。拙政园以理水见长，池广林茂，轩亭廊桥依水围合，错落有致，将园林建筑花木作为绘画的景致，营造了一幅立体的山水画轴。借景是苏州园林的一大特色，正如拙政园梧竹幽居亭内的楹联"爽借清风明借月，动观流水静观山"，借景手法让人在有限的空间内感受到自然山水的无限风光。

与谁同坐轩

拙政园内的与谁同坐轩筑于曲水转角处，平面呈扇形，三面临水，各面皆设框景窗口，白墙灰瓦与竹石花木相映成趣，小巧精致的建筑与自然景观完美融合。与谁同坐轩的名字取意苏轼的《点绛唇·闲倚胡床》中"与谁同坐？明月清风我"，颇有"举杯邀明月，对影成三人"的潇洒风骨。从字意来看，取名为轩，或许重在表达其跃然水面的"轩昂"之势。中国建筑中，最富诗情画意的亭、台、楼、阁、轩、榭、斋等园林建筑的命名其实并无固定形式，无法用现代分类学思维去划分。就像

与谁同坐轩，形势高敞，临水借景，供人休憩停驻，同时符合计成的《园冶》中对于轩、榭、亭的特征，叫亭、榭、轩、阁，都没有什么问题，这些园林建筑不是写实的某种建筑形式，而是虚化的意向载体，取名更多源于园主的思想与审美，而不拘泥于建筑造型，在园林易主时，又会赋予其新的称谓。园林建筑与造园者的机缘也让建筑更显"生命力"，凸显苏州园林文人写意山水园的洒脱自在气质。

芙蓉榭

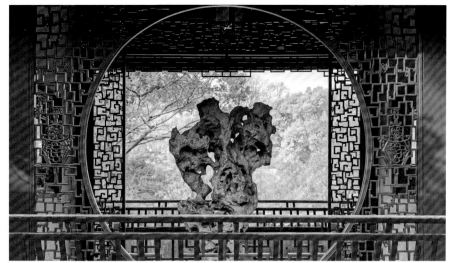

梧竹幽居亭

梧竹幽居亭其名源于吴语谐音"吾足安居"，亭旁的梧桐、竹子并植并茂，传说可引灵鸟凤凰栖息，象征居住环境优美、纯洁。亭四面均开月洞门，以方圆呼应了天圆地方，透过门洞可以看到不同景色，甚至是富有四季特色的景色，环环相套，犹如一个取景器，实现了拙政园风景的多维度观看。

留园

苏州留园是中国四大名园之一，建于明代万历二十一年（1593 年），为太仆寺少卿徐泰时的私家园林，时人称其"宏丽轩举，前楼后厅，皆可醉客"。这座大型古典私家园林采用不规则布局形式，使园林建筑与山、水、石相融合而呈天然之趣。园林由云墙和建筑群划分为中、东、北、西四个不同的景区，中部以山水见长，东部以厅堂庭院取胜，北部盆景陈列朴拙苍奇，一派田园风光，西部颇有山林野趣。四个区域以长达 700 余米的曲廊相连，迂回连绵、曲径通幽。

四大名园中，留园尤以建筑艺术著称，园内亭馆楼榭高低参差，以长廊有序串联，颇有步移景换之妙。建筑结构式样代表清代风格，在不大的范围内造就了众多而各有特色的建筑，处处显示了咫尺山林、小中见大的造园艺术手法。虽然建筑占全园面积的三分之一，数量多且密集，但没有丝毫凌乱之感。各院落之间以漏窗、门洞、长廊沟通穿插，互相对比映衬，成为苏州园林中院落空间最富变化的建筑群。

涵碧山房

冠云峰

留园中的冠云峰高 6.5 米，集所谓的"瘦、透、漏、皱"于一身，相传为宋代徽宗所征花石纲遗物，系江南园林中最高大的一块湖石。道教崇尚山石，据传宋徽宗更是相信怪石中有龙之神力，身处怪石环绕之中，可以帮助实现道教洞天福地的艺术理想，于是便在全国寻找怪石长达二十年，史称"花石纲"，并开启了中国古代鉴赏怪石的风气。花石纲是运各地奇石的船只编组，每十船一组，称作一"纲"，此为"花石纲"名称之由来。为保障"花石纲"的运输而致使天下萧然，民不聊生。作为史上艺术造诣非常高的皇帝，宋徽宗赵佶的艺术理想随着农民起义与外敌的入侵而灰飞烟灭，留下了还未进京的冠云峰。峰石之前为浣云沼，周围建有冠云楼、冠云亭、冠云台、伫云庵等，均为赏石之所。可谓是"前朝艮岳空余憾，冠云独秀留园中"！

狮子林

狮子林是苏州的四大名园之一，以假山奇石闻名。元代至正二年（1342 年），弟子们为在苏州弘扬佛法的天如禅师建造了一座用于参禅的寺园。园中存放着大量前朝时本要被送去汴梁为皇家也就是宋徽宗营造"艮岳"的太湖石，经过天如禅师的设计堆叠，旱假山、水假山别具特色，竹石占地大半，既有空灵禅意，又有山林意趣。天如禅师曾骄傲地在诗中写道："人道我居城市里，我疑身在万山中。""狮子林"的名称，既源于佛教讲法活动（被称作"狮子吼"），又体现了园中假山石形似狮子的特点，形神兼备。狮子林也是清乾隆皇帝最喜爱的园林之一，六次到访仍意犹未尽，便下旨在承德避暑山庄和圆明园进行仿建，以便随时游玩，自此，形成"一园南北、三狮竞秀"的园林盛景。

现代主义建筑大师贝聿铭的叔祖贝润生购得狮子林，并在园内设立祠堂，用了将近 7 年的时间整修，新增了部分景点，并冠以"狮子林"旧名，狮子林一时冠盖苏城。贝聿铭少时经常与堂兄弟们在狮子林中玩耍，里面的一切给了他无穷的快乐与幻想，后来大师的作品遍布世界各地，而狮子林应该才是他建筑艺术的精神原点。因此，身处异国他乡的贝聿铭一直惦念着苏州，每年夏天都想回到狮子林，在他 87 岁的时候他选择把拙政园旁设计的"苏州博物馆"作为自己的收山之作，亲切地称其为"自己的小女儿"，狮子林也自然升格为苏州博物馆的"祖母"了。

山塘街

山塘街位于苏州古城西北部，全长约3600米，为825年唐代大诗人白居易任苏州刺史时疏浚河道、堆堤而成。因其优越的水陆交通条件，曾是明清时期中国商贸、文化最为发达的街区之一，被誉为"神州第一古街"。街道呈水陆并行、河街相邻的格局，街道两侧是典型的江南水乡建筑。如果你乘舟顺水而行，两岸尽是灰瓦白墙、飞檐翘角、红柱青砖，两层或三层小楼精致、典雅，保留了明清时期的风格和特色。有民歌唱道："上有天堂，下有苏杭。杭州有西湖，苏州有山塘。两处好地方，无限好风光。"

周庄古镇

周庄古镇始建于北宋，位于苏州城东南，昆山、吴江、上海三地交界处。古镇四面环水，因河成镇，依水成街，以街为市，享有"中国第一水乡"的美誉。碧水环抱的周庄，户户人家尽枕河，有着依水成街，以街为市，桥街相连，因河成镇的格局。江南水乡民居的平面布局近似北方的四合院，都是封闭式院落，但相对紧凑一些。"小桥、流水、人家"典型的江南水乡风情吸引了众多画家来此写生。

吴冠中在其著作《画眼》中如此描述其画作《周庄》的创作过程："80年代我坐船到周庄，像是登上了孤岛，环村皆水也，那里不通汽车。冷冷清清，寻寻觅觅，桥前桥后，傍岸闲卧舟楫。我住下写生，那是唯一的一家旅店，木头楼梯，登楼一望，黑瓦白山墙，流水绕人家，杨柳垂荫，鹅鸭相逐，处处入画。"

安徽宏村月塘

徽派建筑又称徽州建筑，流行于徽州及浙西地区。"徽州"一般作为由传统行政区划上"一府六县"的区域统称，可以说包含着自然地理、行政区划以及文化历史这三个层面的"徽州"概念。

徽州位于安徽省东南部的山区，山势连绵起伏，河流纵横交错，"七山一水半分田"，可谓是一块天然的风水宝地。尽管徽州地处皖南山区，为北方人躲避战乱提供了自然的屏障，但与晋派与苏派山地和湿地的碎片化地貌不同的是，这里拥有相对完整的冲积平原，虽不足以宽阔建城，但成村足以，而且被山水环抱，如同世外桃源，成为人们安居乐业的理想之地，成为大自然为人类绘制的一幅完美的山水画卷。

明朝中叶，得益于茶、木材等丰富的独特物产及其便于水路交通运输的特征，徽商开始崛起，成为我国重要的商业大帮之一。在良好的经济条件下，寄命于商，又崇文好儒的徽州人开始大兴土木，结合当时依山傍水的地理环境特点，集自然变化与精致装饰于一体，促使徽派建筑逐渐形成风格独特的建筑体系。在徽派建筑营造中尤以民居、祠堂和牌坊最为典型，被誉为徽州古建的"三绝"。2008年，徽州传统民居营造技艺入选第二批国家级非物质文化遗产名录。

徽州暖季长且无严寒，雨量充沛，湿度较大，在这种气候条件下，食材保鲜是比较困难的。由此，"徽菜"因地制宜，形成了"盐重好色、轻微腐败"的独特风味。也许是为了扫除气候带来的湿热感受，徽州建筑表现出与徽菜完全不同的观感，呈现出白墙灰瓦的清爽。

为了防火设置的出屋顶墙体，凸显了木建筑的防火智慧，被称为封火山墙，为了防潮和美观，人们在墙体表面刷上洁白的白粉，山墙上部覆盖保护墙顶的灰瓦，其形似长着黑鬃毛的白马，所以又称马头墙，成为徽派建筑的点睛之笔。建筑之间还可以通过马头墙将一个个建筑单体组合联系在一起，既通过提高土地的利用率，解决了"山多地少"的难题，又凸显了乡土亲情的联系，从而使徽州建筑呈现出群体组合独有的韵律与节奏。徽派建筑的高墙深院既包括了对防盗的考虑，又为因战乱颠沛流离的家族提供了一种心理安全感的外在表现，所以徽州建筑通过小窗与小门形成了相对封闭式结构，也就进一步增大了马头墙的视觉印象，从而形成"粉墙黛瓦马头墙，天井厢房夹正堂"的建筑风貌。

当"安居"即"生存"实现以后，对乐业也就是"发展"则有了更多的期许。比如，原为采光、通风纳凉所用的高深天井，也因雨水从四面屋顶流入，自然而然被赋予了与晋派建筑大院相同的"四水归堂"的象征意义，形象地反映了徽商与晋商"肥水不流外人田"的相同商业信念；随着家族的兴旺，建筑也开始平面扩展，与京城四合院一样，形成几进的组合院落，当然与京城的土地开阔不同，为了更好地利用有限的土地，保证更好地采光，院落每向后进一堂，建筑主体便升高一级，这种布局既有利于形成穿堂风，也有利于雨季排水，同时冠以"步步高升"的美好寓意，以满足家族生生不息、越来越好的心理追求。随着生活的富足，更多的美好期望还充分寄托于木雕、石雕、砖雕的"三雕"技艺表达之上，使得三雕成为徽州人的精神载体，既各有特色又一脉相承，从而名满天下。

徽州人最初以血缘关系为纽带聚族成村、不杂他姓，人们形成浓厚的长幼有序、尊卑有别、敬宗睦族的宗法礼制，而宗法礼制的载体就是宗祠。对于恪守礼制法度的族人，或者是有杰出贡献的官商名人，宗族还会为其兴建牌坊，宣扬人物事迹。徽州人在天井院里安放生活，在祠堂里安放信仰，在牌坊里安放未来，以此耕读传家，建立起生生不息的徽州生活传统。

徽派建筑极为重视房屋布局和周围环境的协调，有"无水无山不成居"之说，宏村更是如此。宏村古称弘村，是一座经过严谨规划的古村落，其选址、布局都和水有着直接的关系，可以说是研究中国古代水利史的活教材。鸟瞰宏村，不难发现村址正处在河流的"汭位"（关于汭位，可详细参阅本书第三章的建筑之艺部分），也就是不受弓箭之势影响的弓内之位，充分地体现了"攻位于汭"的建筑规划选址的智慧。

宏村

宏村内外人工水系的规划设计相当精致巧妙，人文景观、自然景观相得益彰，是世界上少有的有详细规划之古代村落，更被建筑专家称为"中国传统村落的一颗明珠"。村中牛形的平面结构布局，更是被誉为当今世界历史文化遗产的一大奇迹。全镇完好保存明清民居建筑有140余幢，充分展现了徽派建筑黑白主基调的特征。建筑木雕多以原色呈现，不饰油漆，这种被称为"清水雕"的技艺，彰显了木材本身的质地之美。

宏村南湖画桥

宏村有两湖，中央有一湖叫月沼湖，当地百姓也将其叫作月塘，用于饮水和漱洗，是永乐年间开凿挖掘。当月沼湖的湖水不够人口繁衍众多的宏村居民使用时，在明万历丁未年（1607 年）又利用村南的水系顺势而为建造了南湖。穿南湖而过的画桥，在汛期水势较大为河时则没入水下，平日为湖时则为桥，成为一座集水利、防卫等于一体的美丽风景。由此，在著名导演李安的奥斯卡最佳外语片《卧虎藏龙》里男主角李慕白牵马从此桥走过，构建了"白马仗剑南湖影，不负画里乡村名"的宏村印象！

宏村汪氏宗祠

行走在徽州古村落中，总能见到那些留存至今的宗祠——正堂中高高悬挂的祖宗肖像画极显庄重，昭示着家族的根和荣耀，供后人瞻拜，也警示晚辈，让后人在不断仰视和敬重中，维系整个宗族的精神家园。

汪氏宗祠建于明代，是宏村唯一的祠堂，因为这里的人几乎都是汪家的子孙。祠堂位于宏村村口，是古徽州境内规模最大的祠堂。宗祠建筑为三重檐，檐角处有鳌鱼，龙头鱼尾。高墙上的砖雕门罩随处可见，雕饰细节毫不含糊。祠堂正厅叫乐叙堂，堂屋内格局宽敞大气，隐约透着曾经大户人家的富绰。

祠堂可以说是维系宗族礼制的精神建筑，在这里一个家族的人们传承祖先的精神，明确自身的归属。因为无论个人还是家族，只有留住了精神，才留住了魂，留住了生生不息的智慧。人们从天井抬头望去，天空被框定在方正之中，白云飘过，世世代代在祖宗的余荫与规矩中代代相传！

西递古村追慕堂

胡文光牌楼

西递古村

徽州村落大多"枕山、环水、面屏",西递村的选址更是村落建设的绝佳之地。西递村内有三条溪水交汇,在布局上,西递村呈舟船形状,鳞次栉比的户户民居,如大船的一间间船舱,村头的牌坊及大树宛如桅杆与风帆,附近的农田、湖田簇拥着村庄,好似大船停泊在港湾。

西递村的建筑以明清民居为主,这些古民居风格独特,造型优美,布局之工,结构之巧,装饰之美,营造之精,是徽派建筑的典范之作。除了徽派建筑的共同特征外,此起彼伏的"马头墙"是西递古民居的突出特色,有效地打破了一般墙面的单调,增加了建筑的美感。西递村平面布局规整,天井庭院紧凑通融,基本单元一进一进地向纵深方向发展,形成二进堂、三进堂、四进堂甚至五进堂。后进高于前进,一堂高于一堂,有利于形成穿堂风,加强室内空气流通。天井除了有承接和排除屋面流水、采光、通风之实用外,由于屋面檐口都内朝天井,四周流水从檐口流入明坑,四水归堂,表现了徽商"聚财气""肥水不流外人田"的生活理想。

西递村拥有徽州三雕、徽州传统民居营造技艺两项国家级非物质文化遗产,享有"中国明清民居博物馆"之誉。西递村充分体现了民居、祠堂和牌楼的徽州三绝。胡文光牌楼建于明万历六年(1578年),俗称"西递牌楼",坐落于西递镇西递村口处,为三间四柱五楼建筑格式,是朝廷为表彰胡文光做官三十二年,政绩卓著而恩赐其在自己家乡竖建。

罗东舒祠宝纶阁

罗东舒祠位于安徽省黄山市徽州区呈坎村内，被认为是现存祠堂中规模宏大、设计及雕刻均出色的建筑，也是安徽省迄今保留明代彩画及祠堂最完整的一组家庙建筑。据说罗东舒祠完工后，后寝因只有一层显得太低，与整组建筑的形制不相称，为了达到建筑四进四院一进比一进高的视觉效果，后人在续建中又在后寝草架上加盖了一层阁楼，即为"宝纶阁"，从而使整个祠堂形成后高前低的格局，体现了中国建筑的木结构特征以及技艺之高，寓意后代比自己更有出息，取节节高的含义，更使宝纶阁成为整个罗东舒祠的高潮。梁柱和额枋上的木构彩画吸收了波斯、阿拉伯等国的几何工艺图案，形成具有江南特色的"包袱锦"图案，无一雷同，至今仍惊艳如初，令人称奇叫绝。宝纶阁是呈坎村的制高点，登上宝纶阁顶，可以看到村子四周环绕着连绵的群山，伫立在宗祠的享堂，抬头仰望后寝的宝纶阁，倍感气势巍峨和美轮美奂，一种庄严、肃穆、神圣、崇高的感觉油然而生。

俞氏宗祠

俞氏宗祠位于江西省婺源县的汪口村。汪口村因地处双河汇合口，碧水汪汪而得名，是一个以俞姓为主聚族而居的徽州古村落。俞氏宗祠整体建筑选材极为考究，均为樟木材质，因为樟木自身独特的香味，所以燕虫自避，造就了俞氏宗祠的三绝：无须拂拭，却一尘不染；雕梁画栋，却蛛网不结；面水背山，却无群燕筑巢。这充分体现了中国建筑了不起的用材智慧。建材的特性使得俞氏宗祠成为一所以细腻的木雕而闻名于世的祠堂。凡梁枋、斗拱、脊吻、檐橼、驼峰、雀替等处均巧琢雕饰，各种浅雕、深雕、圆雕、透雕形式的龙凤麒麟、松鹤柏鹿、水榭楼台、人物戏文、飞禽走兽、兰草花卉等精美图案触目皆是，被誉为"艺术殿堂""木雕宝库"，显示了古代劳动人民卓越的智慧和超凡的创造才能。

作为血脉同宗的场所，宗祠累积了从个人到家族，从家族到国家与天下的宗族智慧，更成为下一代启蒙与传承的学堂。结合优越的地理条件，汪口村可谓物华天宝人杰地灵，也使得俞氏家族人才辈出，造就了汪口村中诸如一经堂、懋德堂、大夫第等众多官商大宅，完美诠释了"中国建筑就是中国人"的建筑之道！

篁岭村

篁岭村，隶属于江西省上饶市婺源县江湾镇，至今已有近 600 年的历史，是具有山地风格的徽派古村落之一。

同为地无三尺平，平地极少，篁岭村却并未采取山地民居常用的杆栏式建筑结构，而是将建筑向纵向发展，形成一种独特的山地徽派楼居特征，村中民居围绕水口呈扇形梯状错落排布，被称为"梯云人家"。除了少数富裕人家之外，篁岭村的大部分建筑因用地局促而取消了庭院，因此只留有徽派建筑之形，而不具徽派建筑之体。

村中晾晒农作物是一种常见的农俗现象，在湖南、安徽、江西等山区都有。篁岭将这种晾晒农作物的场景叫作"晒秋"。晒秋的"秋"是指丰收的果实，所以晒秋并非秋季"专属"，一年四季都有应季的农作物可晒。作为农耕为主的村落，篁岭梯田叠翠铺绿，篁岭人家顺应自然地形，家家户户在顶层全层拓开搭起晒架。同时，晒架与屋顶的高低不同，加上篁岭全村房屋错落排布在落差近百米的山坡上，使篁岭晾晒更具层次感，从而形成"篁岭晒秋"的独特美景。如今，篁岭晒秋不仅是一道景观，更是成了"最美中国符号"。

徽州古城

徽州古城又称歙县古城，是中国四大古城之一，是徽郡、州、府治所在地，故县治与府治同在一座城内，形成了城套城的独特风格。建于明、重修于清的歙县古城，分内城、外廓，有东西南北4个门，还保留着瓮城、城门、古街、古巷等。

许国石坊，也称为大学士坊，俗称"八脚牌楼"，是一座功名坊，表彰明朝大学士许国，是徽州乃至全国唯一一座八柱三间阁楼冲天柱式组合的石牌坊，享有"东方的凯旋门"的美誉。明万历十二年（1584年）建，距今400多年，平面图形呈口字形，四面八柱，各梁枋相连，方柱断面自下而上收分，中心逐渐向中间微偏，所以结构稳固扎实。

许国石坊的石料全都是采用青色的茶园石，但却是一座典型的石仿木构造建筑，由此遍施以仿木构建筑雕饰，图案典雅。

整座许国石坊的雕刻艺术，雕工细腻，古朴典雅，是徽州石雕工艺中的杰作，也是徽州牌坊建筑艺术最杰出的代表，体现了石刻技术和艺术的最高水平。八根柱子都达到了7米多高，梁枋、栏板、斗拱、雀替等也都采用的是大块石料。这些石料每块重约四五吨。在那个没有起重机、科技不发达的农耕时代，这样一座宏伟壮观的建筑，充分地体现出了独有的建筑之道与了不起的中国建筑之艺。

许国石坊

徽商大宅院

徽商大宅院又名"西园"，是将散落在全县范围内濒临坍塌的26座明末、清代及民国时期具有徽派特色的建筑进行拆迁和修缮，按照"复原"的原则，整体搬进了西园。徽商大宅院位于徽州古城之内，古建筑群集牌坊、戏台、亭阁、花园、水榭等于一体，为组合式的宅第群体，有宅第26座、房屋数百间、天井36个、柱子1580根。徽商大宅院气势宏伟，马头墙层层昂起，飞檐翘首，亭阁桥榭、牌坊宅第浑然一体，大宅院内的古徽州"三雕"（石雕、木雕、砖雕）多达14000多处，其中有不少是近20年来从民间征集、收购来的散件。

西园的主人把这些零散收来的大量物件，简单地分类摆放，尽管也能展现古代徽商关于家园的想法、做法，但物件离开了整体如同没有了呼吸，离开原来的环境就失去了灵气，表现力也会被削弱许多，体现出构成中国建筑之道的三要素"天、地、人"缺一不可，当然，倒也能从侧面诠释了中国建筑"模块化"的体系优势。

棠樾牌坊群

如果说牌坊是历史授予黄山的勋章，那么棠樾的七连座牌坊群就是其中最能体现宗族群体与个体的特色荣耀。

棠樾牌坊群位于安徽省黄山市歙县郑村镇棠樾村东大道上，是明清时期建筑艺术的代表作。它不仅体现了徽文化程朱理学"忠、孝、节、义"伦理道德的概貌，也包括了内涵极为丰富的"以人为本"的人文历史，同时亦是徽商纵横商界三百余年的重要见证。虽然时间跨度长达几百年，但每座牌坊的建筑风格浑然一体，且一改以往木质结构为主的特点，几乎全部采用石料，既不用钉，也不用铆，石与石之间巧妙结合，可历千百年不倒不败。

棠樾牌坊群每一座牌坊背后都有一个动人的故事，提醒着一代又一代的徽州人不要忘记先辈的荣耀，更督促和激励着每个徽州人继承先人的精神。棠樾牌坊群并非以某一座牌坊的单体挑战独一无二的权威，而是用这样的连续七座牌坊相互唱和，以石头的群体记录了一个时代的地域文化特色，彰显出中国建筑之道的人文自信，可谓是"慈孝天下无双里，衮绣江南第一乡"。

裕昌楼

闽派
营造

闽，即福建，闽派建筑即福建地区建筑的统称。

自秦汉以来，八闽地域在历史上属于北方移民南迁的居留地和经过之地，外来移民不断涌入，带来了各地的文化，在福建生根之后，还依然保持着独立性。号称东南山国的福建，其地貌格局为"八山一水一分田"，而且地形复杂多样，江河、丘陵、山脉纵横交错，成为一个个相对独立的封闭区域。

因此，与上述建筑门派的形成不同的是，闽派建筑是"多方人来一方水土"的结果，也就是不同文化背景的人来到多元地貌的一方水土之上，而形成差异极大的一种建筑风貌。在与本土文化的不断冲突与融合中，北方传统民居与闽地山民本土建筑形式相融合，独具特色的客家土楼由此形成，而本土的府第民宅则吸收了中原文明的建筑特征。随着近代海外交流日益密切，闽南闽东部分建筑又兼容吸收外来文化元素，形成了中西合璧的风格特点。

就像"闽菜"博采各路菜肴之精华，形成精细、清淡、典雅的菜系特征，"闽派"建筑呈现更多的是一种文化兼容并立的特点。这一点，尽管在其他的门派中也不乏受地域文化的相互交融影响，但远没有闽派建筑这么突出。也许，"闽派"建筑更像是一个建筑类型的"博物派"，南北文化在此自然地碰撞与交融而又保持各自的独立性，反而呈现各美其美、美美与共的独特风貌。在这个独特的建筑博物馆中，最具代表的可以说是山地的"土楼"与开阔地的"大厝"。

土楼是客家族群的独特建筑，承载着丰富的历史和文化底蕴。客家族群是中国汉族的一个重要支系，起源于中原地区，后来因为各种原因迁徙到福建、广东等地。在迁徙途中，他们遭受了战乱和灾难的困扰，为了保护自己，他们开始建造坚固的土楼。与北京的天坛等礼制建筑不同的是，土楼的圆形造型则是基于对外的防卫性，土楼可以说是地方特色的高超建造技艺及地方建材的巧妙应用。一座土楼就是一个家族，它对外封闭、对内开放、环绕中心祖堂分布的聚居空间布局，营造出团结一致又宗法分明的宗族向心力，强调了宗法礼制的核心地位。中心的堂屋往往会呈现中原文明的风格布局，也充分说明了南北风格并立的建筑特征。一座土楼历经几百年历史变迁与实际需要，慢慢由方变圆，古老的北方汉族成为南方的"客家人"，一个不以地域命名的民系由此形成，客家土楼也成为古汉文化的容器。

中国人很早就能够烧制红砖，但在民居建筑上运用却很不普及，原因据说有两个：一是礼制不许民间用红色，只有宫廷、庙宇才可使用；二是青砖强度更大，质量更好。所以，大部分中国北方游客来到泉州，往往会被传统的闽南红砖古厝惊艳到，红砖、红瓦、白石、燕尾脊这些鲜明的特征让人眼前一亮。闽派建筑的红砖厝，其独特红砖文化的起源说法不一，有说是从占领菲律宾的西班牙人那里学来的，也有说是因为海外贸易使得闽南民间积累了巨大财富，又因远离朝堂而不怕僭越惩处，而大胆采用不同寻常的红砖来出奇制胜、炫奇斗富的结果。

当我们立于祖堂天井，仰望星空，

仿佛置身于中国著名神话动画片《大鱼海棠》的情境之中，

天、地、人、神水乳交融、生生不息，

一座土楼成了一个世界！

裕昌楼

裕昌楼是一座"东倒西歪"700年的土楼，它位于福建省漳州市南靖县，建于元末明初（约1368年），是已知最古老也是最大的圆楼。裕昌楼可以说是早期股份制的产物，由刘、罗、张、唐、范五姓族人共同出资建造，故在平面上把整座楼分为间数不等的五大部分，每个家族各居一部分，每部分设一部楼梯。裕昌楼的楼层也是五层，每层有54间大小相同的扇形房间，一层为厨房，房内设有水井，共22口，创造了福建土楼中的水井数量之最，二层为粮仓，三层老人居住，四层年轻人居住，五层存放棺材。楼内的天井中心则是单层圆形祖堂，祖堂前面的天井用卵石铺成大圆圈，也等分为五格，代表"金、木、水、火、土"五行，一行一姓。

"墙倒屋不塌"这一句中国民间的俗语，表达了中国建筑梁柱式结构体系的了不起之处，而裕昌楼又将这个特点演绎到了极限。这个建筑最大的特点是柱子东倒西歪，最大的倾斜度为15度，看起来摇摇欲坠，但与下厚上薄的圆形夯土墙则形成了远超方形土楼的整体性抗震构造，虽经受自然侵蚀和无数次地震的考验，却"墙也没倒屋也没塌"，东倒西歪地屹立了700年。中国建筑就是中国人，裕昌楼这个中国建筑的活标本，反映出即便是身居异地，中国人通过一个人到一个家，一个家到一个族的宗族礼法智慧，也能有效地延续家族的血脉与荣光。或许也正是如此，楼内人口数量增多，最大的土楼终于也到达了容量的极限，罗、张、唐、范四姓族人陆续搬走，另起炉灶，如今裕昌楼中，五行余一，只剩下刘姓族人，这座最古老的土楼开始面对新的时代！

"四菜一汤"土楼群

福建省列入世界文化遗产的土楼共有 46 座，分布于永定、南靖、华安三县，而最著名的要数田螺坑土楼群，也就是人们俗称的"四菜一汤"，被称为福建土楼的标志性建筑，也是福建土楼的名片。田螺坑土楼群的"四菜一汤"是整个南靖土楼最经典的景观，也是福建土楼被评为"世界文化遗产"项目中最经典的一座。田螺坑土楼群坐落于南靖县书洋镇的田螺坑村，这里因地形像田螺般曲折，四周又群山高耸，中间地形低洼，形似坑而得名。这个土楼群始建于清朝康熙元年，为当地黄姓家族聚居地，五座楼并非同时建造，而是前前后后造了数百年，才最终形成了现在一座方形楼、三座圆形楼、一座椭圆形楼的"四菜一汤"格局。

田螺坑土楼群

"四菜一汤"分别为方形楼（步云楼）、圆形楼（和昌楼、振昌楼、瑞云楼）、椭圆形楼（文昌楼），按照"金木水火土"五行相生次序建造。五座土楼均为三层土木结构，每层木构回廊连接各户，房间以泥砖隔墙。每栋楼都有自己的特色，土楼民居是垂直结构为一家，相当于一个圆形的"联排别墅"。土楼为防止匪患，外墙的建筑运用黏土结合竹条及糯米水等材料夯制而成，这可以说是生态版的"钢筋混凝土"。

方形的步云楼居中，其余 4 座环绕周围，依山势错落布局，高空俯瞰确实有点神秘，据说曾被误以为是"导弹发射井"。步云楼，也就是位于"四菜一汤"中心位置的方形楼，始建于清朝嘉庆元年（1796 年），

楼高三层，全楼有 4 部楼梯，每层 26 个房间。之所以取名步云，是寓意子孙后代读书中举，仕途平步青云的愿望。"四菜一汤"土楼的外形如同一朵绽放的梅花，美妙绝伦，被联合国教科文组织专家称赞为"世界上独一无二的、神话般的山区建筑模式"。坚固的土外墙使得人们长治久安，内部层层的木构架使人们生生不息。在日新月异的现代化社会进程中，土楼里面如今还住着很多原居民，通过土与木坚守着延续至今的生活智慧，除了坚守着祖先的生产与生活之外，也开始通过一些土特产与工艺品的售卖增补家用，在或圆或方的传统建筑空间里，坚定而又持续地演绎着一幅幅生动而又充满烟火气的画面。

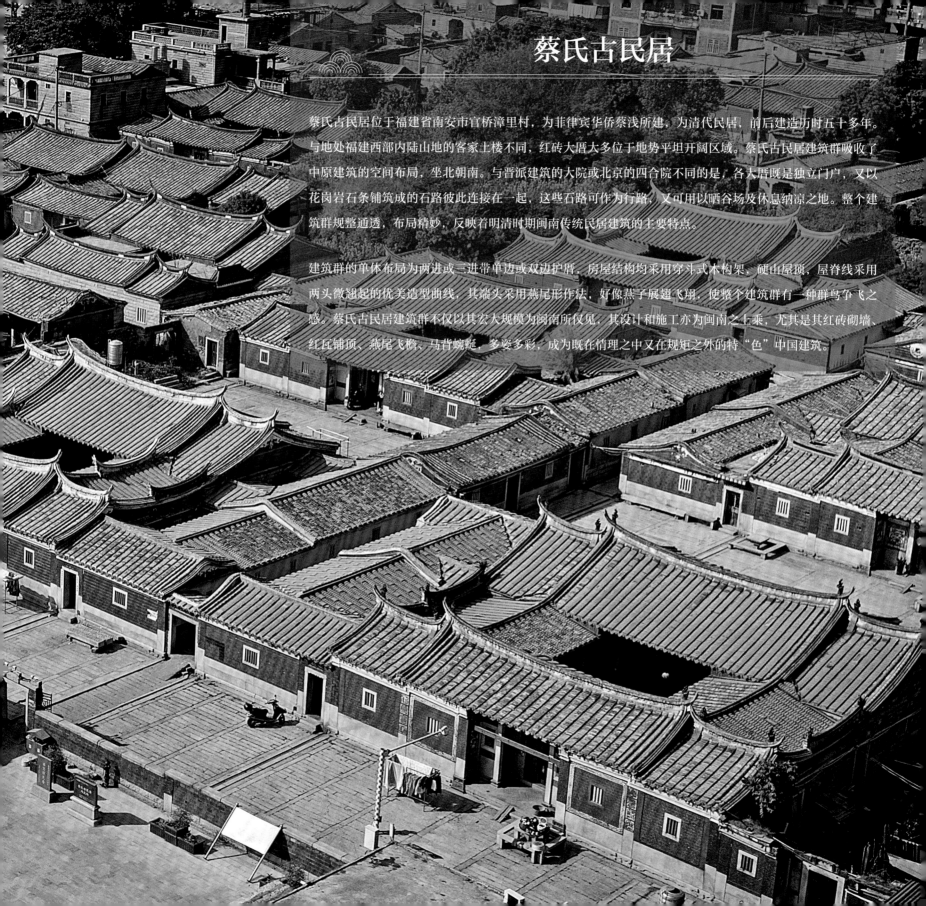

蔡氏古民居

蔡氏古民居位于福建省南安市官桥漳里村，为菲律宾华侨蔡浅所建，为清代民居，前后建造历时五十多年。与地处福建西部内陆山地的客家土楼不同，红砖大厝大多位于地势平坦开阔区域。蔡氏古民居建筑群吸收了中原建筑的空间布局，坐北朝南。与晋派建筑的大院或北京的四合院不同的是，各大厝既是独立门户，又以花岗岩石条铺筑成的石路彼此连接在一起，这些石路可作为行路，又可用以晒谷场及休息纳凉之地。整个建筑群规整通透，布局精妙，反映着明清时期闽南传统民居建筑的主要特点。

建筑群的单体布局为两进或三进带单边或双边护厝，房屋结构均采用穿斗式木构架、硬山屋顶，屋脊线采用两头微翘起的优美造型曲线，其端头采用燕尾形作法，好像燕子展翅飞翔，使整个建筑群有一种群鸟争飞之感。蔡氏古民居建筑群不仅以其宏大规模为闽南所仅见，其设计和施工亦为闽南之上乘，尤其是其红砖砌墙、红瓦铺顶、燕尾飞檐、马背蜿蜒，多姿多彩，成为既在情理之中又在规矩之外的特"色"中国建筑。

蔡氏古民居的雕刻艺术充分体现了闽南地区古建筑的巧、美、秀、雅的风格，同时也将匠师们的艺术才华和丰富的想象力、创造力表现得淋漓尽致。蔡氏古民居建筑的装饰造型中，有许多地方体现出外来文化的影响，如石雕及泥塑中的鱼尾狮，透出了南洋文化的气息；葱头形山花则反映出受伊斯兰艺术的影响；承托襟间斗拱的力神，又具有西方建筑的装饰倾向。古民居精美的雕饰，不仅代表着当时闽南建筑雕塑的最高水平，而且也是研究中国特别是福建沿海中外建筑艺术相互交融难得的实物资料。

泉州府文庙

福建泉州的涂门街，堪称世界宗教博物馆。伊斯兰元素满满的清净寺、世俗而极具闽南特色的关帝庙，不远处泉州文庙与二者比邻而居。泉州文庙是中国东南地区最大的文庙，也是该地最老的文庙，建筑坐北朝南，以大成殿和明伦堂为主呈"双轴线"布局，形成传统的"左学右庙"的文庙建筑基本形制。文庙是庙堂与学馆合一的设施，除祭祀孔子之外还担负培养人才的功能，是包含宋、元、明、清四个朝代建筑形式于一体的文庙古建筑群。主体建筑大成殿为典型的宋代重檐庑殿式结构，斗拱抬梁式木结构以 48 根白石柱承托，正面有浮雕盘龙檐柱 8 根，圆柱以灰白为界，上半部分为木柱，下半部分为石柱，有效地避免了柱础因气候潮湿而腐烂。

大成殿为重檐九脊，最上面的正脊弯曲很大，呈弧形，使得屋顶呈较大的曲面，正脊两端的尖脊形似燕尾，所以被称为"燕尾脊"。如果你在内部观看，就会发现逐渐翘起的燕尾脊尾部会有一个气窗，两端升高的正脊与开窗以及建筑基础石材的留缝，很好地促进了内部空气的对流，有效地降低了室内的空气潮热，在塑造适宜的室内环境的同时，也利于防止木构架的潮湿腐烂。屋脊上用泥塑、瓷雕、彩绘装饰着飞禽走兽、农耕狩猎、草木花卉等图案，极具闽南建筑艺术特色，虽然清代大修过，但依然保存南宋木结构的基本风貌，是宋代中原文化和闽南古建筑艺术的有机结合，在全国现存文庙中甚属罕见。

大成殿内正中有孔子像，梁上悬挂有清代康熙帝御书"万世师表"。文庙内至今依然完整地保存着清代的成套祭孔乐器、礼器、祭器和舞具，也成为台湾同胞回大陆瞻谒中华民族文化之根的一个重要的象征载体。在大成殿内部的展览中我们可以得知，在泉州文庙这座极具包容开放精神的建筑的护佑之下，儒家思想获得了充分的传播。据统计历史上泉州曾走出过 2454 名进士，文武状元 8 位，20 余位宰相，正如宋代先贤朱熹在开元寺中所题楹联"此地古称佛国，满街都是圣人"，可谓名不虚传。

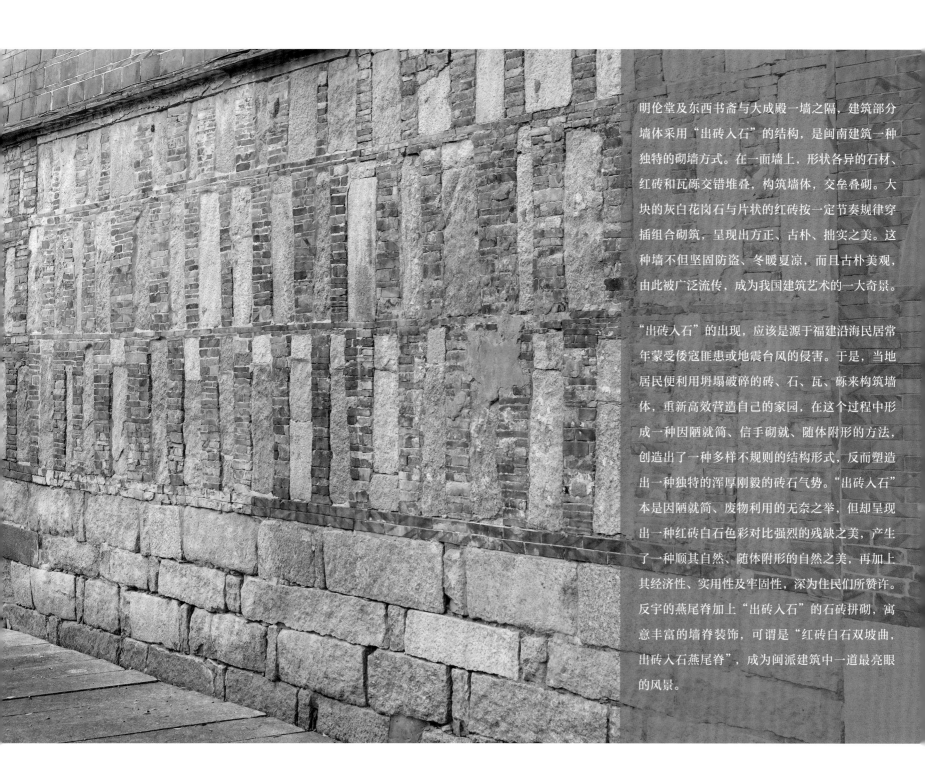

明伦堂及东西书斋与大成殿一墙之隔，建筑部分墙体采用"出砖入石"的结构，是闽南建筑一种独特的砌墙方式。在一面墙上，形状各异的石材、红砖和瓦砾交错堆叠，构筑墙体，交垒叠砌。大块的灰白花岗石与片状的红砖按一定节奏规律穿插组合砌筑，呈现出方正、古朴、拙实之美。这种墙不但坚固防盗、冬暖夏凉，而且古朴美观，由此被广泛流传，成为我国建筑艺术的一大奇景。

"出砖入石"的出现，应该是源于福建沿海民居常年蒙受倭寇匪患或地震台风的侵害。于是，当地居民便利用坍塌破碎的砖、石、瓦、砾来构筑墙体，重新高效营造自己的家园，在这个过程中形成一种因陋就简、信手砌就、随体附形的方法，创造出了一种多样不规则的结构形式，反而塑造出一种独特的浑厚刚毅的砖石气势。"出砖入石"本是因陋就简、废物利用的无奈之举，但却呈现出一种红砖白石色彩对比强烈的残缺之美，产生了一种顺其自然、随体附形的自然之美，再加上其经济性、实用性及牢固性，深为住民们所赞许。反宇的燕尾脊加上"出砖入石"的石砖拼砌，寓意丰富的墙脊装饰，可谓是"红砖白石双坡曲，出砖入石燕尾脊"，成为闽派建筑中一道最亮眼的风景。

埭美古村

埭美古村位于漳州市龙海区，初建于明朝景泰年间，至今已经有560多年的历史了。古村以"一张规划图管五百年"而闻名，276座古建筑呈中轴对称排列，房屋的大小、风格相似，为两进四开的闽南四合院建筑，多层次进深，前后左右有机衔接，坊巷笔直，屋脊如群燕飞舞，整齐划一，线条优美，是"九宫格"建筑布局的典范，也是现存最大、保存最完整的古民居建筑群，素有"闽南第一村"的美誉，更是"闽南红砖建筑群"的代表之一。古村依水而建，一条内河如长龙玉带般紧绕村庄，从空中往下看，整片古村恰似漂浮在河面之上，形成了"绿水绕村，玉带环社"的独特景观，使埭美古村成为名副其实的"闽南周庄"。

三坊七巷

三坊七巷坐落于福建省福州市鼓楼区南后街，总占地约 45 万平方米，是从南后街两旁从北至南依次排列的坊巷总称，也是中国古代城市中里坊制的典型代表之一。以南后街为中轴线的景区，包括了方圆 40 万平方米的区域，各角落都有导览图可供按图索骥，十分方便。

所谓三坊，指的是南后街左边的巷子，依次是光禄坊、文儒坊、衣锦坊；所谓七巷，则是吉庇巷、宫巷、安民巷、黄巷、塔巷、郎官巷、杨桥巷。三坊七巷历史文化街区至今仍保留着唐末、五代以来中原文明古街区的鱼骨状坊巷空间格局。坊与坊之间又有巷弄相连，坊巷纵横交错，节点处有古树、古井、过街亭，都极具福州地方特色。三坊七巷自晋代发轫，于唐五代形成，到明清时期鼎盛，如今古老坊巷风貌基本得以延续。三坊七巷为国内现存规模较大、保护较为完整的历史文化街区，有"中国城市里坊制度活化石"和"中国明清建筑博物馆"的美称。

古时城市布局强调中轴对称，城南中轴两边分段围墙，这便是民居成为坊、巷之始。从建筑空间的处理来看，三坊七巷在中轴线上的主厅堂，比北方的厅堂明显高、大、宽，一般是开敞式的，与天井融为一体。三坊七巷民宅沿袭唐末时期分段筑墙传统，墙体随着木屋架的起伏呈流线型，翘角伸出宅外，状似马鞍，俗称马鞍墙。墙只作外围，起承重作用的全在于柱。江南建筑中，绝大多数是成 90 度角的直线构成的阶梯形的山墙，而福州三坊七巷民居的马鞍墙是曲线形的马鞍墙，一般是两侧对称，墙头和翘角皆泥塑彩绘，形成了福州古代民居独特的墙头风貌。

侗族鼓楼

川派建筑主要指的是四川、云南、贵州、湖南、湖北等地山区的少数民族建筑，可以说是因地制宜建筑样式的典型代表。

"蜀道难，难于上青天。"从李白的《蜀道难》一诗中，可以看出以四川为代表的西南地区地形的复杂与交通的不便。平原、丘陵、山地、高原分布其间，各地气候差异极大，但同时自然资源丰富，适于营造的材料十分广泛。

地处西南山区的云、贵、川、湘西、鄂，是多民族聚居之地，再加上历史上几次规模较大的移民，各种文化也在此地不断碰撞与融合，造就了建筑风貌的多元特征，有"蜀地存秦俗，巴地留楚风"之说。顺应水土条件以及人文习俗，川派建筑呈现出多元且别具一格的技艺和文化魅力，就像是川菜的麻辣鲜香、调味多变的特色，川派建筑也体现出鲜明的多种特征。

如果说中国北方地区的建筑源头是穴居，那么南方地区建筑的源头就是"巢居"，这种人类最初的居住方式便是后来干栏式建筑的雏形，川派建筑风貌可以说是由干栏式建筑演变而来的。干栏式建筑除了能够应对山区地形和潮湿气候以获得透气凉爽外，还能避免林中瘴气、地面潮湿、淹水以及阻止虫蛇野兽进入，另外就地取材、搭建方便并有较好的抗地震功能。

干栏式建筑营造十分便利有效，楼下养猪牛，楼上作起居，成为各个民族居住的首选。吊脚楼是我国西南少数民族地区常见的传统民居形式，主要用柱子把建筑托起，使其下部架空，是干栏式木构建筑因地制宜、适应特定资源环境的产物。吊脚楼的基本结构各族差不多，但是某些具体做法、选用材料、装饰艺术色调等有所不同。比如：苗族的吊脚楼有较多的竹编糊泥作墙；土家族的似乎是以木扇作墙壁，吊脚楼上有绕楼的曲廊，曲廊还配有栏杆，栏杆等处的处理突显其民族特色，色调很鲜明；瑶族的民居建筑介于水族的干栏建筑和苗族的吊脚楼之间，瑶族以土夯筑屋基，且仅为整栋屋基的一半。与苗族不同的是，瑶族在平地上人为制造台地，以便修建干栏式吊脚楼。这种民居建筑，既能满足人居楼上、畜关楼下的传统要求，又有尚好的防潮、防火等性能，因此备受青睐。各个民族的吊脚楼特色除了民族性之外，也赖于当地盛产何种材料。川派建筑的吊脚楼在使用过程中逐步形成了"人住其上，畜产居下"的居住特点。其中，最具代表性的是傣族竹楼、侗族鼓楼以及土家族及苗族吊脚楼。

南北民族的融合以及农耕文明的发展促进了人口的增长，在相对平缓的山区开阔地，与因地制宜式的吊脚楼相比，轴线合院式建筑成为一种更为适合多人口聚居的建筑类型，也就形成了四川阆中、丽江古城等以轴线合院式为主体的古城，也充分说明了生产力决定生产关系，不但决定上层建筑，更直接影响真正的建筑。

另外需要说明的是，诸如川西部分区域的碉楼建筑，虽属于因地制宜式建筑的另一种类型，但其独特石木造而非土木的营造方式，故将其归入其他营造来进行表述，不在此川派营造之中。

肇兴侗寨

肇兴侗寨位于贵州省黔东南苗族侗族自治州黎平县东南部地区，四面环山，寨子建于山中盆地，两条小溪汇成一条小河穿寨而过，是全国最大的侗族村寨之一，素有"侗乡第一寨"之美誉。寨中房屋是一种典型的因地制宜式建筑类型——干栏式吊脚楼，鳞次栉比，错落有致，全部用杉木建造，硬山顶覆小青瓦，古朴实用。

鼓楼是侗族地区特有的一种公共建筑物，更是侗寨的标志。楼中最高层的中心位置有一牛皮大鼓，凡有重大事宜商议，则击鼓以号召群众，故名为"鼓楼"。在古代，侗族鼓楼还有作为开会场所、外敌入侵鸣鼓警示等作用。鼓楼可以说是以"杉树"形为参照而建的仿生建筑，并以杉木之材凿榫衔接，通体全是木质结构，不用一钉一铆，结构严密坚固，可达数百年不朽不斜，充分表现了侗族人民中能工巧匠建筑技艺的高超。众多鼓楼中，以一根直径50厘米左右的中柱支撑的独柱鼓楼尤为独特。

追溯鼓楼的起源，也许要追究当地土著民族的"巢居"。古书中记载"依树积木，以居其上，名曰'干栏'"。当然，这还只是鼓楼的原始雏形而已，但从起源上看，所有干栏式木构建筑都同巢居有渊源关系，鼓楼当然也不例外。

糯干古寨

在西南边陲有一处被世人遗忘的神秘古寨——糯干古寨。这个古寨位于云南省普洱市澜沧拉祜族自治县惠民镇，又名水寨，至今已有一千多年的历史。糯干古寨的名字系傣语音译，"糯"为水潭，"干"为马鹿，意思是马鹿喝水的地方，是一个以傣族为主的自然村寨。目前，古寨生活着百余户人家，原始古朴的老村寨就坐落在万亩古茶园间，古寨周围都是古茶园，村中多数家庭也是以种植茶叶为生，他们世世代代种茶，淳朴善良。

古茶、古树、古街、古寨构成了糯干古寨——一个景观格局鲜明、保存完好的傣族传统村落。村落构成为向心式布局，由寨心、民居、佛寺和巷道组成，还有四棵守护村寨具有象征意义的树，建筑结构为典型的干栏式建筑。佛寺位于村子的最高点，观景台也设于此，寨心设在村落的中心位置，象征着寨子的保护神。这个在万亩茶园深处的古寨，如同古茶树一样，沉淀了上千年的时光，散发着醇厚的余香，拥有着恍如隔世的安宁与平静。烟火气和雾气轻轻缭绕着整个村落归家的行人，步履缓缓，携着一身落日的余晖。

云南□丁佤寨

云南迪庆维西傈僳族同乐村

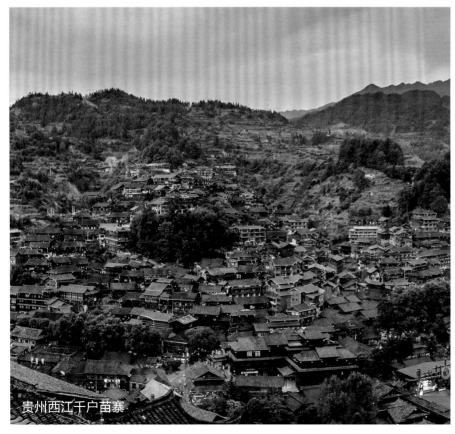
贵州西江千户苗寨

湖南凤凰古城吊脚楼

西江千户苗寨街景

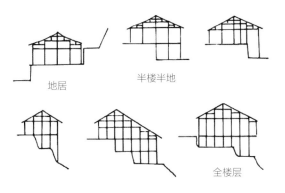

地居　　　半楼半地

全楼层

受"天无三日晴，地无三尺平"的自然条件的限制，山区先民因地制宜地创造出了独特的干栏式建筑，很好地解决了潮湿洪涝与地势不平的居住难题，是多个少数民族的传统民居。根据地形细节差异，这种因地制宜式建筑可细分为全干栏式建筑和半干栏式建筑两种类型。所谓全干栏式建筑，就像是一家人仅凭双脚站立在缓坡平地之上，建筑底层完全悬空；半干栏式建筑，则是建筑底层只是半悬空，就像是一家人蹲坐在陡峭坡地之上，双脚悬吊撑在地上，由此被形象地称为吊脚楼。

云南翁丁古寨、迪庆傈僳族同乐村、贵州西江千户苗寨，也包括湖南的凤凰古城，都位于山区崎岖之地，于是大家不约而同地采用了干栏式建筑形式，进一步说明了中国建筑顺应自然的智慧。从另一个角度来看，正是由于这种山区地理特征，开展不了规模化的农业生产，从而局限了人口增长和社会发展，也就阻碍了建筑技术以及规模的发展，由此形成满足较少人口居住的建筑特征。

古城形胜

中天楼

华光楼

阆中古城

阆中古城是中国四大古城之一，位于四川省东北部、嘉陵江中上游，被全国名城保护专家誉为"中国保存最完好的古城"。阆中古城选址是典型山环水绕的"汭"位吉地，地势平缓，视线开阔，易守难攻，充分遵循了中国传统的生活智慧。整个古城规划为棋盘式的格局，融南北风格于一体，形成"半珠式""品"字形、"多"字形等风格迥异的建筑群体，是中国古代选址建城"天人合一"的典型范例。

古城内街巷，均以中天楼为核心，以十字大街为主干，层层展开，星罗棋布。各街巷取向多与远山朝对，建筑可以分为三类：政治建筑位居核心地区；文化祭祀建筑占据政治建筑之外的好地；上千座明清民居则根据财富的多寡和地位的高低，隐藏在城内和厢关地区之中。

清末时期《成都通览》记载，四川人原籍大多来自外省，湖广比例高达 35%，即所谓湖广填四川。由此，阆中古城建筑既保留了川北地区的建筑特点，又吸纳了北方四合院和南方园林的建筑优势，融合京院苏园之韵，可谓"川渝灵性巴阆风"！

丽江古城

丽江古城是中国四大古城之一，有 800 多年历史，也是中国以整座古城申报世界文化遗产并获得成功的两座古城之一（另一为平遥古城）。整体布局以三山为屏、一川相连，从城市总体布局到工程、建筑都融入了汉族、白族、彝族、藏族、纳西族等文化精华。丽江古城的街道因地制宜，不拘于工整而自由分布，以水为核心，呈现出特有的水巷空间布局，300 多座古石桥与河水、绿树、古巷、古屋相依相映，极具高原水乡"小桥、流水、人家"的美学意蕴，被誉为"高原姑苏"。

古城建筑糅合了中原汉族建筑和藏族、白族建筑的技艺，形成了较为独特的风格。民居大多为土木结构，比较常见的建筑形式有三坊一照壁、四合五天井、前后院、一进两院等。

丽江古城完整保留宋、元时期以来形成的历史风貌，最有意思的是，丽江古城是没有城墙的！当时执掌丽江的木氏土司，也不是没动过给丽江建城墙的念头，但由于天然的屏障已经把古城保护起来了，其实也不需要建城墙，而且也得益于没有城墙，马帮商队可以通过各个方向会聚古城，极大地方便了货物流通，就成为自古以来的丝绸之路和茶马古道的中转站。如

今，人们运用古老的智慧，留住了一片青山绿水的家园，同时，也没耽误古城的发展。道法自然、顺势而为的建城理念，让丽江古城与山水完美融为一体，成为中国传统建城史上，人与自然和谐共生的当代典范。

其他营造

大河农业文明的高度成熟，造就了中国人主流生活方式的稳定性，而作为世界上地形最丰富的国家之一，可谓"十里不同音，百里不同俗"，孕育出丰富多样的生活智慧。

中国历史上，曾经形成以中原汉文明为中心，在东、南、西、北四方由少数民族环绕的人文地理格局。各少数民族与中原文明不断交融，逐步形成小聚居和大杂居的特点，也形成了各自发展又相互影响的少数民族建筑文化。除了在川派营造中介绍的土家族与苗族的吊脚楼，侗族鼓楼，傣族竹楼之外，还有蒙古包，藏族碉房，羌族碉楼，白族瓦房，彝族土掌房等民族建筑。

中国历史上多次的人口迁徙，也就打破了一方水土一方人的在地营造模式，出现了"多方人"来"一方土"的融合现象，也就使得中原地带的人文礼制建筑扩展到了全国各地，并结合当地的水土条件与人文特征，推陈出新地形成了一种在中原建筑格局基础之上，兼具地域特征的建筑特征。正如《晏子春秋》中所讲的："橘生淮南则为橘，生于淮北则为枳，叶徒相似，其实味不同。所以然者何？水土异也。"同样是橘子，生长的环境不一样，最后结出的果实就不同，一个甜美甘香，一个酸涩难尝；这说明了环境对植物的重要影响，人也一样，由人所营造的建筑更是如此。

中国地域辽阔，因气候、地形和各民族的传统文化、风俗习惯不同，住宅形式各异。源于农耕文明发达的北方平原地带，农业的发展带来了稳定的生活资料极大增加了人口的数量。形成了一种以房屋围成封闭的院落建筑格局。这种建筑格局往往仅以最少的门连接外部空间，比较适合人口较多的家族，不但能够保证安全良好的人居环境，更能实现一个大家庭长幼有序、男女有别的礼制要求，还能有效地应对有限土地的多人口聚居，同时适应相应社会制度的发展。

除了房屋之外的建筑，还有路桥、城墙关、天文观测以及水利工程等都是中国建筑营造的重要组成部分。另外，五千年的文明也不断受到外来文化的影响，从而形成了融贯中外而又自成一派的特色营造，如石窟寺、白塔寺等。所以，在本节里，我们会看到在神州大地上的南北融合、中外融合的建筑风貌，成为中国建筑六大门派之外的另一道独特风景。

莫高窟石窟寺

石窟寺是随着佛教从印度传入中国的一种营造形式。据传，佛陀在获得觉悟之前曾在洞穴中冥想，于是，神圣的洞穴遗址遍布整个佛教世界。石窟寺是在山崖陡壁上开凿出来的洞窟形佛寺建筑。开窟前一般要先规范好位置、形制和大小，先凿出窟顶，然后从上往下开凿，直至凿出整个洞窟。敦煌石窟寺，坐落于河西走廊西部尽头的一片"盛大"之地，盛大也即敦煌也。东汉名士应劭曾注曰："敦，大也；煌，盛也。"石窟始凿于 366 年，据说是一位名叫乐僔的僧侣在悬崖上看到了一千尊光芒四射的佛像，启发了他开始挖掘这些洞穴，后经十六国至元朝十几个朝代的开凿，前后延续约 1000 年，形成一座内容丰富、规模宏大的石窟群。莫高窟是敦煌最大的石窟寺，寺中发现了多种语言的儒家、道家和基督教文本和文献，包括中文、梵文、藏文和古土耳其文，甚至在那里还发现了希伯来文手稿，充分反映了丝绸之路沿线文化的交汇。

也许是气候干燥，使得石窟内的壁画能保留千年，再加上地理位置偏远，属中原边境，远离政治中心，也避免了战乱的破坏，从而成为中国古代文明流传至今的一个璀璨的艺术宝库，见证了古代丝绸之路上不同文明之间对话和交流。

布达拉宫

布达拉宫号称"世界屋脊上的明珠"，位于西藏拉萨西北角红山上，是一座融宫殿、寺宇和灵塔为一体，规模浩大的宫堡式建筑。它始建于7世纪，至今已有1300多年的历史了，传说是吐蕃赞普为迎娶文成公主而修建的。主体建筑分为白宫和红宫两部分，红宫的红色是用藏地白玛草的槿类植物压榨出的红色汁液涂抹而成的。白宫的涂料原料主要为白灰，产自西藏当雄羊八井，涂料中还要添加牛奶、白糖、蜂蜜等辅料，主要是为了让涂料更具黏性，不易脱落。

布达拉宫依山而建，采用木石结构，全宫围以石质城墙，厚达1米以上，每隔一段距离，中间就灌入铁水，极大增强了建筑的抗震性与稳固性。建筑风格集合了藏族民居和佛教寺庙的特点，建筑大部为平顶，上部主体建筑糅合汉式做法，采用歇山顶并辅以镏金铜瓦。建筑外立面采用了盲窗的设计，将实际9层的建筑空间呈现出13层的建筑立面效果，极大地增强了建筑立面的秩序。这种山顶建宫室殿堂，山下建城墙、城堡的布局，可以说是西藏地区碉房建筑的传统特点。布达拉宫的内部结构依照佛教密宗坛城样式设计，同时吸收了中原汉式殿堂建筑中的雕花梁架、斗拱、藻井、金顶等特色，汉藏结合，雍容大方，充分体现了汉藏两地能工巧匠的劳动智慧。如果说北京故宫是中华文明的集中见证和收纳箱，那么西藏布达拉宫就是藏族文化的宝藏，收藏着重要的历史信息。

当太阳升起时，第一缕阳光照在歇山顶的镏金铜瓦之上，金光闪烁，安详神圣，日光城拉萨逐渐被唤醒，人们便开始了一天的生活，序幕由此徐徐展开……

嵩岳寺塔

塔原是古印度专门用于埋葬佛祖火化后所留舍利的一种佛教建筑。作为中国现存年代最久的佛塔，嵩岳寺塔是中外建筑文化完美结合的典范之作，从整体造型到细部雕饰均有明确的宗教文化含义，在建筑上充分体现了佛教文化的传播与演变。与泉州开元寺双塔的石仿木构造不同，嵩岳寺塔整个塔身主要由糯米汁拌黄土泥作浆，以青砖垒砌而成，充分体现了当时砖的生产与结构技术的进步。建筑大师梁思成更是将嵩岳寺塔列入向中央政府编制的一份必须重点保护的文物清单之中。作为多以群体横向扩展为特征的中国建筑，塔作为一种纵向发展的建筑形式能够在中国广泛流行，充分表现出中国建筑的容器性特征。

赵州桥

人工桥梁从出现的第一天起就具有民众公用、公有的社会性，即便人类进入有阶级存在的私有制社会后，这一属性也没有根本改变。几千年来，社会上都有爱桥护路的风尚，都公认"修桥铺路"是为民众造福的善举。大家看到北方的桥大多比较平坦，其原因是北方河流相对稀少，人们的交通运输主要以陆路为主，而人们骑马赶车则要求桥梁尽量平坦，以适应陆路交通的特征；而南方河流密布，人们的交通运输主要以水路为主，为了方便船的通行，所以桥基本上都比较高耸。

赵州桥原名安济桥，是一座北方的桥，位于河北省石家庄市赵县城南洨河之上，因赵县古称赵州而得名。在中国历史上，无论桥有多么的著名，往往并不知道修桥的匠师是谁，但罕见的是赵州桥却有明确的记载，是由隋朝的工匠李春建造的。也许是造桥条件逼迫的误打误撞，再也许是丰富的经验积累基础之上的匠心营造，更或是冥冥之中的智慧共鸣，距今 1400 多年的赵州桥，其结构十分符合现代结构力学理论，从而使之成为世界上最古老的石拱桥之一，展现出"力"与"美"合二为一的最高造物境界，同时也从另一个侧面证明，中国人追求"生生不息"的建筑之道，是一种人类真正的生存智慧，并非是缺乏建造永久建筑的技术。

陈家祠堂

陈家祠堂又称"陈氏书院",是现存规模最大的广府传统建筑之一,也是我国现存规模最大、保存最完好、装饰最精美的祠堂式建筑,集岭南建筑工艺装饰之大成,被称为"岭南建筑艺术明珠"。另外,陈家祠堂在"轴线合院式"的建筑形制的基础上,将传统的礼制与民间的信仰以木雕、石雕、砖雕、泥塑、陶塑、铁铸工艺装饰物化于祠堂内外的建筑之上,表现了岭南建筑南北融汇、中西荟萃的特征,充分体现出中国建筑之器的"容器"特征。

四川阿坝松岗碉楼

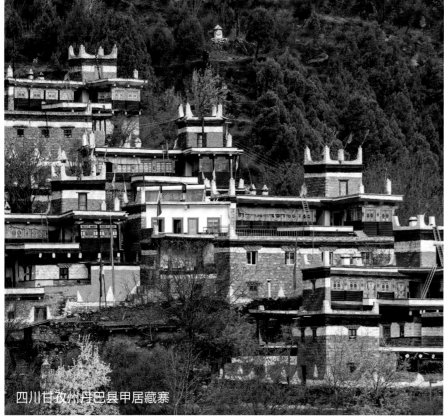

四川甘孜州丹巴县甲居藏寨

福建平潭石头厝

丰富多元的各地民居

农耕文明不发达的地区，往往是地形崎岖之地，不稳定的生活资料限制了人口的增长，交通的不便也进一步加剧了多人口聚居的困难，这就是"少数民族"形成的主要原因之一。人口少、交通不便，人们就因地制宜，尽可能地发挥人的营造智慧，形成了诸如羌族碉楼、藏族山寨以及平潭石头厝等就地取材、因地制宜、各有特色的民居形式。同样是"人住其上，畜产居下"，与干栏式建筑有所不同的是，聚居于川西，也就是青藏高原东部边缘地带的羌族，针对山脉重重、地势陡峭的地形，就地取材，形成了以石材为主的石砌房和碉楼。尤其是碉楼建筑，历经风雨、战争和地震，成为几百上千年坚固屹立的"东方金字塔"。

随着人口的迁移以及社会制度的发展，尤其是生产力的发展，营造技术的不断进步，人多势众的"轴线合院式"逐步影响到了人少量少的"因地制宜式"，再加上近代海洋文明的介入，各地开始出现各类融合折衷的营造方式，诸如岭南的镬耳屋、湖南的窨子屋与湖湘大宅、闽南的红砖厝、云南的白族民居等，由此百花齐放，构成体现中华文明多样化的建筑共同体！

开平碉楼

广东镬耳屋

湖南窨子屋

建筑之道

建筑之形

建筑之器

建筑之材

建筑之艺

CHAPTER

第二章

TWO

了不起的中国建筑
AMAZING CHINESE ARCHITECTURE

筑道
建之

中国建筑就是中国人

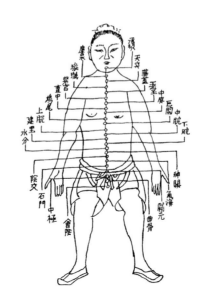

明朝著名的造园家计成在他的著作《园冶》中说："固作千年事，宁知百岁人；足矣乐闲，悠然护宅。"这句话的意思是说：虽然可以修建一座千年不倒的建筑，但人的寿命再长也不过百岁而已。言下之意，是何必把有限的生命浪费在无限的时间里呢？还不如保持一颗闲适的心去及时行乐，坦然淡然地打理自己的家宅吧。

与欧洲的某些宗教建筑动辄数百年的建造周期相比，中国建筑的建造周期可以说是非常短的，究其原因，最主要的应该是营造目的是"人"而非"神"。中国的历史和西方主流的历史有一个显著不同的地方就是：中国任何时候都没有过神权凌驾于一切的时代，一本西方的建筑史其实就是一本"神"的建筑史。两者一个以"人"为中心，一个以"神"为中心，也就是所谓"人本"与"神本"。"神"是永恒的，"人"却是"暂时"的。在建筑材料上则表现为选择相对恒久的石头和选择相对短时的木头（这个我们会在后续小节详细说明），其根本原因是中国和西方对人与自然关系的不同理解。

中国人有感于所处环境生生不息的自然现象的奇妙而生崇敬，通过自然界生命交替的道理，明白了永恒的所在，从而自然而然地成为一个唯"生"主义者。建筑是生命的一部分，不必以有涯的建筑去抗拒无尽的时间，而是可以随着生生不息的人类生命实现可持续存在。

"天地之内，以人为贵。头圆象天，足方象地。天有四时，人有四肢；天有五行，人有五脏；天有六极，人有六腑；天有八风，人有八节；天有九星，人有九窍；天有十二时，人有十二经脉；天有二十四气，人有二十四俞；天有三百六十五度，人有三百六十五骨节；天有日月，人有眼目；天有昼夜，人有寤寐；天有雷电，人有喜怒；天有雨露，人有涕泣；天有阴阳，人有寒热；地有泉水，人有血脉；地有草木，人有毛发；地有金石，人有牙齿。皆禀四大五常，假合成形。"由此，我们可以得出，中国建筑就是中国人"内景"的"外形"营造。

纵观整个中国古代建筑史，我们不难发现中国人并不太追求建筑原物的长存。仅从表面看来，"暂时"似乎与"永恒"是对立的，但若略作推想，不难发现，世界上是没有所谓永恒之物的，只有无数个关联的"暂时"，或许才能构成真正的"永恒"，从而获得一种独特的"时间智慧"。人虽然不能长生不老，但通过代代血脉相传，在某种程度上，也就相当于获得了物种的永恒。中国建筑充分体现了以"人"为基点的生命性特点，又根据人寿命的有限性特征，形成了相对理性、实用、适度的营造体系。在全流程的建筑营造中，不但充分考虑了使用者与营造者的生命周期，而且要考虑营造材料的生命周期，乃至营造技艺的生命周期，以求保持一个建筑可持续的生命状态，以"生生"得"不息"，从而获得一种"永恒"的建筑之道。

没有终点的赛跑

一天，子贡在他老师孔子家的院子里打扫卫生，而孔子就在室内午休。这时，有一个戴着草帽、穿着蓑衣的老人叩门而入，进来以后他就问子贡："孔子在家吗？有问题想要向他请教。"子贡因为不想打扰孔子的午休，于是就跟老人说："我是孔子的学生，有什么问题也可以先问问我，看我能不能替你解答。"老人于是就不慌不忙地问子贡："一年有几季啊？"子贡回答道："当然是四季了！"老人一听，立马就进行了反驳："不对，一年只有三季，怎么可能有四季呢？你分明就是在胡说。"于是，二人就争论起来了。屋内午休的孔子被吵醒了，听完事情的经过，就告诉老人，一年就是三季。老人听闻孔子之言后十分高兴，兴高采烈地离去了。孔子随后告诉子贡，之所以会当着老人说是三个季节，是因为那人是田间蚱蜢所变，生于春而亡于秋，一生只经历过三季，从没有见过冬季。你和他争论是争论不出结果来的，还不如认个错，把他打发走就行了，这就是著名的"三季人"的故事。

无独有偶，庄子在他的著名文章《逍遥游》中也曾说过："小智慧不如大智慧，寿命短的理解不了寿命长的。为什么这样说呢？朝菌不知道有月初月末，寒蝉不知道有春天和秋天，这是活的短的。楚国的南方有一棵叫冥灵的大树，五百年为春，五百年为秋；上古有一种叫大椿的树，八千年为春，八千年为秋，这是长寿的。八百岁的彭祖是一直以来传闻的寿星，人们若是和他比寿命，岂不可悲吗？"

中国人的智慧是时间的智慧，是一种看透世间沧桑的大智慧！

地球已经存在约有 46 亿年了，地球上的生命约在 38 亿年前出现。人类历史与整个地球相比是如此短暂。如果将生命比作一场赛跑，那么我们相信每个物种都希望这是一场没有终点的赛跑。然而，"物竞天择，适者生存"，新物种、种内的变化和物种的消失在整个地球的生命史中不断发生，据估计，曾经生活在地球上的物种 99% 以上已经灭绝了。大家最为熟悉的恐龙，在地球上生活了 1.6 亿年之久，可是在白垩纪末期（大约 6600 万年前），它们却突然在世界各地销声匿迹了。自然的规律不断告诉我们，只有适应力强的生物才能存活下来，也就是说，这场没有终点的比赛的胜利，取决于物种的耐力，也就是存在的时长，而这个时长的关键取决于如何适应生存环境的不断变化的能力，也就是我们平常提及的"适者"生存。

一个物种想要稳定地保持自己在这场赛跑中的优势，本质是如何更有效地处理阳光、空气与水等各生命要素构成的生存环境的关系。虽然人类没有前几任地球霸主那样拥有庞大的自然体型优势，但人类进化发展了发达的大脑，能够有效地认识与利用自然规律，并能针对环境的变化制造和使用生存工具，从而推动种群的不断发展，以一种源于大脑的"智慧的力量"跑到了赛道的前端，成为地球的新一代霸主。这种人与自然的相处之法，处处体现在"衣、食、住、行"等各个生活方面。

在这场没有终点的比赛中，作为一种"住"的工具，"建筑"成为人类保持领先地位的一个重要的生存法宝。

中国人的另一副皮囊

人是万物的尺度！

在新疆出土的一幅唐代画家所绘的《伏羲女娲图》中，有男女二人，人面蛇身，均微侧身，面容相向，各一手抱对方腰部，另一手扬起，男手执"矩"而女执"规"。图中男为伏羲，手里拿的是尺子，称"矩"，是用来丈量长度的。自人类文明产生以来，世界各地不乏以身体的部位的长度作为长度的基本单位，英国曾用成人脚的长度当作"1 英尺"，埃及用"肘尺"，古代中国曾有"指尺"。中国的医学名著《黄帝内经》中曾经记述，为了测量骨骼的长度，人的身体可以根据体形在尺寸上分为三等，其中的中等为标准尺寸，每种体形尺寸又可分为 75 个等长的分。依据这一严谨详密的体系，可以对不同尺寸人体的经络进行定位并找出针灸时入针的准确穴位。值得注意的是，中医中用的等和分，与《营造法式》中是相同的。每个人都是独特的，都有自己的尺寸，中医于中国建筑的尺寸特征，正是传统文化的一个本质特征。也恰恰说明了中国建筑就是中国人的内在关联！

1	商代	一丈合今 1.695 米
2	周代	一丈合今 2.31 米
3	秦时	一丈合今 2.31 米
4	汉时	一丈合今 2.135~2.375 米
5	三国	一丈合今 2.42 米
6	南朝	一丈合今 2.58 米
7	北魏	一丈合今 3.09 米
8	隋代	一丈合今 2.96 米
9	唐代	一丈合今 3.07 米
10	宋元时	一丈合今 3.168 米
11	明清时	一丈合今 3.11 米
12	现代	一丈合今 3.33 米

通过上述表中的尺度变化我们可以看出，大概在商代，一丈约为 1.695 米，约为一成年男子的身高，这也许是"丈夫"说法的一种由来；到了南北朝，按当时的尺度，人高约七尺左右，故有"七尺男儿"之称；而到了现代，人高约五尺左右，故有"五尺汉子"之称。尽管秦始皇曾经统一过度量衡，但从商代至现代诸多的考古发现之中，我们看出"丈"的尺寸是在不断变化、逐步增长的一个过程。除了参照物的变化造成的尺度变化，我们是不是也可以认为还有另一种可能，那就是中国人可能变高了，换言之，是否是中国的建筑也在长大呢？

《伏羲女娲图》中，女为女娲，手里拿的是规，也就是圆规，拿"规"是用来研究天象的。大家耳熟能详的"女娲补天"的故事，其实不是女娲用所谓七彩石修补破损的天空。这个故事背后，其实有一个极为科学的天文历法计算方法。我们现在都知道一年有 365 天，那么古人是如何知道的呢？有一种科学的解释是：一个女性正常月经的时间间隔为 28 天，这个间隔时长就被作为一个基准的计时单位，也就是 1 个月。经过长期的经验总结，人们发现某一个规律性的迹象变化的循环周期，正好是来了 13 次月经，所以这 13 个月的周期就被我们称作"1 年"。1 个月 28 天，乘以 1 年的 13 个月，就得出 1 年是364 天，比我们现在知道 1 年的 365 天少了 1 天。这时，作为中华文明三皇之一的女娲，通过自己的经验与智慧，敏锐地发现了这一现象，于是就在每年的 2 月补了 1 天，从而进一步精确了纪年，这种历法后来就被称为"女娲历"。所以，"女娲补天"的故事，真实的含义应该是"女娲补天时"。

由"丈夫"和"女娲补天"的故事我们能看出，代表空间的尺度和代表时间的历法都是基于人的身体特性逐步确立的。人们最终真正能够理解和欣赏的事物，只不过是一些在本质上和他自身相同的事物罢了。本质的事物其实是构建出来的共识。就像照镜子，人们都是通过其他人来了解自己，才能看见自己的面目。本质的事物是构建出来的共识而已。透过现象看本质，其实是可以推测出他人相信什么和知道些什么的。

在中国人的观念里，由于人体是对称的，以"人"为本的建筑往往也是对称的，而对称的关键是有一条"中轴线"。就像人体一样，这条中轴线一内一外，虚实结合，在外是"视觉对称线"，在内则是生命真气运行的"周天线"。就像故宫乃至整个北京城的中轴线，它是一条不完整的交通实线，更是一条蕴含王者之气的虚线，演化为统治者身体的外延象征。用人体去解释世界上的万物，是中国文化里的重要观念。

"形而上者谓之道，形而下者谓之器"，那么，在上述观念（道）之下催生的中国建筑（器），必然是一以贯之的，因此，中国建筑可以说是中国人身体充分延伸的另一副皮囊。中国建筑是"活"的，遵循着自然生命的生老病死，也可以说是另一种类型的"人"。"人本"的中国建筑是"中国人"的映像，也可以说是中国建筑就是"中国人"！

顺应自然规律的中国古建（人），也必然在一定程度上遵循自然选择、遗传变异和适应性进化等人这种生物遵循的自然规律，从而需要演化出更加适应环境的特征和性状，以求提高"生存"能力和"繁殖"能力。自然界中的肉食者往往是小规模存在的，而植食者却是成群结队以数量取胜的。中国建筑像一个以"木材"为主食的"植食物种"，拥有强大的繁衍与生存能力。也许正是一种遵从"自然选择、遗传变异、适应性进化"等生物进化规律的智慧营造，由此，中国建筑表现为一种"个体不持久、整体可持续"的生物特性，从而实现以柔克刚、以时间换空间、以无常得永恒的可持续存在，形成与代表西方建筑体系的《建筑十书》不一样的中华文明造物体系。

女娲（左）手中的规与伏羲（右）手中的矩
唐代《伏羲女娲图》，新疆吐鲁番出土

愚公的自信

一个物种的灭绝，在某种意义上来讲分为三个层面，就像有个经典的语句所言：人的一生，要死去三次。第一次，当你的心跳停止，呼吸消逝，你在生物学上被宣告了死亡；第二次，当你下葬，人们穿着丧服出席你的葬礼，他们宣告，你在这个社会上不复存在，你悄然离去；第三次死亡，是这个世界上最后一个记得你的人把你忘记，于是，你就真正地死去。

愚公移山的故事从另一个角度表达了一种生生不息的生存智慧。一个人的寿命是有限的，但人的世代相传则会形成一种可持续的资源。与人的寿命相比，山石在一定的时间内看似为"大年"甚至永恒，但其非生命性的特质反而是一种不可持续的资源。由此可见，在中国人的心里，"永恒"指的是生命的新旧更替、生生不息，而非某一物理存在上的"永恒"，就像《黄帝内经》里有句话"不惧于物，故合于道"，所以，"朝菌"与"大椿"都是永恒的！

人，其实也是一种可再生的"建筑材料"。我们可以设想这样一个场景：在一片背山面水的开敞之地，山上的林木经过祖祖辈辈的种植养护，形成了不同年龄（规格）的树木，人们根据天时以及营造所需把适龄树木采伐下来。爷爷种的树正好规格合适，就会被孙子采伐下来，然后顺山水而下，就近以人力或畜力相对轻松地运至建设基地，此时的基地也已经就近挖土夯制地基或就近取土烧砖烧瓦，于是大家各就其位，在"老把式"的指挥下齐心协力地将房子营造起来。等到孙子变成了爷爷，他的孙子又会采伐他种的树来营造新房。随着人丁的兴旺，人们还会建造一个公共建筑——宗祠，来把自己故去的祖先的牌位都供奉在这个建筑里，如此世代相传，并发展为一种规律性的建筑修缮习俗，拆旧换新，新料老做，旧料新用，从而使建筑实现了血脉的永

生。这种以"人"为主体的循环营造，使得某些材料与技艺代代流传沿用。如此，不但延续了建筑的生命，而且使得非物质性的营造技艺和生活方式得以很好地传承，也许只有这样，我们才能说，文化还活着，而不是成为被保护的"文物"。

当然，人和物的寿命是不相称的，物可传至千年，人生却不过百岁。我们创造的环境与自己预计可使用的年限相适应便足够了。山上的树世代伐种，村里的人世代繁衍，地上的建筑世代更替，生生不息，我们在任何时候都处在一个新陈代谢的过程之中，这一切形成了完美的自然循环。这种循环流传数千年，孕育出了一种独有的生活智慧，表现为一套圆融温和、稳定自洽的生活方式，渗透在我们衣、食、住、行的点滴中。

儿孙自有儿孙福，随着时代的发展，他们不可能满意我们替他们所做的安排，这是一个基本的现实，也是生物进化规律中的遗传变异以及适应性进化的体现。时至今日，我们面临着高速发展、时空压缩且个性释放的信息社会，这种"生命性"的营造智慧重新开始焕发出了不起的时代光辉！

TIPS　可参照第 130 页，棠樾村的牌坊群很好地体现了一种代代相传的生命倔强。

太行山圖

王屋山圖

陽城縣

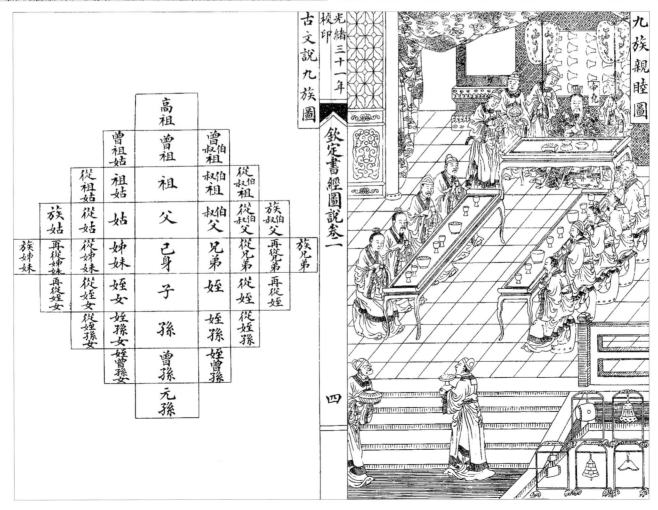

九族親睦圖

光緒三十一年梭印

古文說九族圖

欽定書經圖說卷一

四

				高祖				
			曾祖姑	曾祖	曾叔伯祖			
		從祖姑	祖姑	祖	叔伯祖	從祖伯叔		
	族姑	從姑	姑	父	叔伯父	從伯叔父	族伯叔父	
族姊妹	再從姊妹	從姊妹	姊妹	己身	兄弟	從兄弟	再從兄弟	族兄弟
	再從姪女	從姪女	姪女	子	姪	從姪	再從姪	
		從姪孫女	姪孫女	孫	姪孫	從姪孫		
			姪曾孫女	曾孫	姪曾孫			
				元孫				

各奔东西

水是生命之源，在并不漫长的人类历史中，所有文明的出现都是在有水的地方，其中最有代表性且延续至今的文明主体可以说是代表西方的地中海文明与代表东方的大河文明。说到这里我们不由得会问：同样作为非洲智人的后代，是什么原因导致二者各奔东西的呢？

人们各奔东西的首要原因，是自然生存环境的差异。代表西方文明的希腊文明，其诞生之地的希腊半岛多山，由众多小岛组成，土地面积零碎不完整，多石且土地贫瘠，夏天干旱且冬天多雨，可以说十分不适宜农业文明的生发。此地的农业种植与渔业是不能维系族群的生存与发展的。因此，这方水土的人们必须另辟蹊径，通过传统农业之外的手工业与经济作物来对外交流与交换，才能得到足够的生存资料。这种生存方式呈现为一种不稳定性，非常不利于物种的繁衍。因此，除了不断研究自然规律和改造自然来获得相对稳定的生存条件之外，在生产力低下的时候，不得不诉诸神灵来代替未知自然规律，从而保持一种心灵的稳定。

代表东方文明的中华文明起源于黄河流域、长江流域，这里土地肥沃、气候温和，非常适合农业文明的生成与发展，人们在这里过得相对轻松而满足。应该说老天给了这个地域的人们优越的生存条件，因此，在他们的心目中，老天对人是规律而相对友善的，人们并不需要过分地认识自然、改造自然，只需要顺应自然规律就能过上好日子。

在这两种不同的生存环境下，自然也就形成了两种不同的世界观，体现在对待自然的两种基本态度上：抗争或者顺应。所谓抗争，主要体现在与自然条件的对抗之上。源于海洋的西方文明，人们往往倾尽全力去解决人与自然的关系问题，研究自然、了解自然，掌握自然界背后的规律，目的在于改造自然，使其服从人的利益需要，也就是追求一种可控的稳定性；而所谓顺应，主要体现在与自然条件的充分适应之上。源于大河的农耕文明是一种规律相对稳定的文明形式，人们则不太需要关注自然的深度研究，只需要顺应自然，按照自然的法则开展农业活动即可，并不追求一种有常的存在。

两种不同自然条件孕育出的文明，具体可以表现在对石头和木头两种材料的应用上。石头建筑，建造困难，但一经建成则历久不变，从而达到了人类抗争与改造自然实现永恒的目的；反观木头建筑，建造便利，但是必须根据自然条件的变化随时进行维护，这种动态化的行为，推动人们时刻保持人与自然关系的现实思考，从而达到了一种无常的永恒。其实，两种材料的营造方式遍布世界各地，但是不同的文明特征，造就了"西方"以石头为主，而"东方"以木头为主的不同建筑印象。

这两种不同态度，在数千年的历史上长久地产生着影响，并一直延续到今天。海洋文明研究自然、认识自然和改造自然的倾向，逐步实现了科学技术的繁荣发达，开始成为人类文明这驾马车前进的主要动力。然而"道高一尺，魔高一丈"，海洋文明也开始承担一系列因为过度改造自然而破坏生态环境、引发自然灾害的后果。人类文明经由近代一路向西的狂奔后开始发现，在一场没有终点的物种竞赛中，物种的生生不息才是这场比赛的取胜的关键，人们转而发现，在持续千年的东方文明中，蕴含着人与自然和谐相处——也就是"天人合一"智慧的了不起。

经过几千年的各奔东西，随着地球村的形成，两种文明在信息时代开始逐步汇聚，开始一起探索一种更符合人类未来的生存之道。

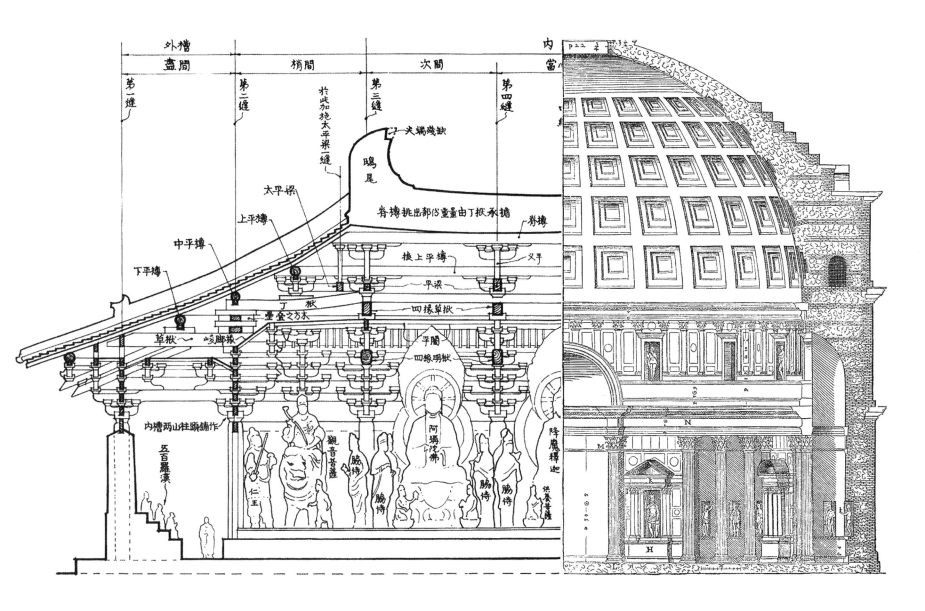

终点就是起点

在《道德经》中，开篇就提出了"道"的难以描述性，与此同时，"轴心时代"的苏格拉底、柏拉图、释迦牟尼等诸多人类的先贤，也不断以各自不同的方式来阐述自己的"道"，但在诸多的经典中，也不免隐约中透漏出一种"不识庐山真面目，只缘身在此山中"的人类局限。"道"就像是天上的太阳，阳光普照大地，由此孕育万物，而我们人类创造的所有知识，就像是指向太阳的那根手指。

从人类的文明史角度看，"道"是一种能够推动人类行为的力量，而反之能被人类推动的力量则可被称为"术"。"道"是万物之始，更是万物之本，"术"则是"道"作用在人类这个物种之上的某种"显效"，而"器"则是"术"的物化具象。

我们人类创造的一切，可以说本质上都是由"道"的推动运行而生的。建筑作为人类文明的重要载体，也就成为不同"手指"的重要组成部分。"道"是没有不同的，也就是说建筑的终极之道应该是一致的，但由于人的不同，从而产生了不同的"手指"，也就有了所谓的东方与西方建筑、传统与现代建筑之道的不同。

建筑真正需要探索的不是"手指"，而是借由不同"手指"的指点，突破时间与空间，无限接近于人难以描述的那个"道"。人不但是万物的尺度，更是道的本体真存之所。由此我们也可以说，人既是建筑之道的起点，也是建筑之道的终点。从这个意义上讲，我们可以说"人性是物性的绽放，人道是天道的赓续。"

人类通过身体的五官感知自然世界并做出反应，由此认知与建立自己的世界。而现代社会的发展，特别强调五种感官中的"视觉"，因为大部分信息是靠视觉获取的，使得人类在整个现代社会进程中逐渐呈现出一种"去身体化"的趋势特征。作为身体延伸的建筑，也逐渐被视觉异化，与自然渐行渐远，身体的经验越来越被忽视，手机对我们生活上的影响，就是一个最好的例子。再者，诸如"友情"这类需要靠人与人活生生直接接触才能建立的关系，现在都被像电子邮件和社交网络之类以视觉为中心的方式取代。

自现代主义建筑之始，建筑开始脱离人的其他知觉，以视觉的方式充斥于照片、杂志、影像与网络之中，建筑开始成为机器，不再有"人"的气息，没有被文学杀死的建筑，而是正在被视觉杀死。

未来的建筑之道，核心是将人与建筑重新血脉相连，使建筑恢复生命体征，这就需要从我们的起点，也就是传统中汲取生命能量。我们需要明白的是，传统是我们迈向创造和迈向新事物的阶梯，传统不仅是受保护的古物，而是创新的桥梁。当然，"未来"要来自"融化"的"过去"，生命状态的建筑"使你常常想去触摸它"，不仅在表面上，而且在内心也想触摸它。

也许其实终点就是起点，要想有效的将中国的建筑之道转化为与时俱进的当下的营造智慧，我们需要对中国传统建筑中以"人"为本的文化有更深刻的体会，从而进一步感悟到建筑并不是抽象地玩弄无"根"的"形"和"饰"，更重要的是要把生生不息的中国建筑之道应用于当下的设计中去，恢复建筑的生命状态。中华民族的文化长远、广博和深厚，它珍贵的历史经验定会对整个建筑的"未来"产生更大、更多的贡献。

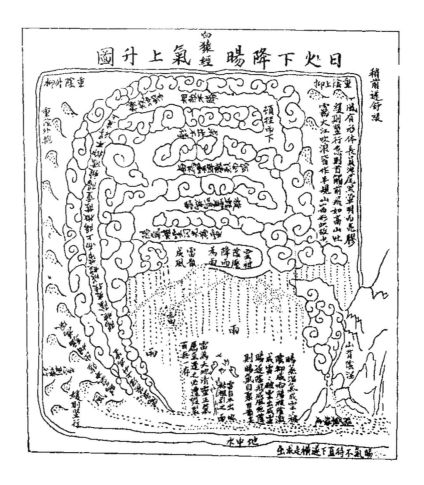

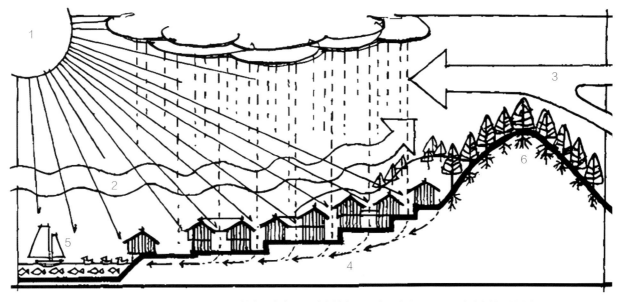

1—良好日照　2—接受夏日南风　3—屏挡冬日寒流　4—良好排水　5—便于水上联系　6—水土保持调节小气候

建筑之形
筑 形 建 之

从一个人到平天下

人　宫　宙　亭　合

入　室　寝　馆　门

广　庙　容　食　食

据环境学家研究，第四纪冰川的到来，推动了人猿转换的进程。在这次长达300万年的时间里，冰期和间冰期交替出现，气候的变幻无常，这对幼年期的人类来讲，无疑是一次生灭存亡的考验。幸运的是，一个个冬暖夏凉的天然洞穴成为古人类躲避严寒的天然庇护所，人猿开始改变自己树居的生活习性，从一棵棵树上下来，进入一个个洞里，被动地开始了第一次"定居"的生存方式。在第四纪冰川的中期，地球上开始出现了直立行走的人类。随着冰川期的结束，气候变化逐步稳定，封存在原始人类记忆中的树居记忆也逐渐解封，由此，形成了较为寒冷区域的穴居与湿热地区的巢居两种基本的定居形态。

原始人类与现代人类所需的基本生存条件，其实并无太大差异：首先应该有充足的光照，其次应该便于出入，再者应该取水得食便利，还应该便于防御，相对安全。当然，也不是所有的洞穴都适合人类居住，当找不到合适的洞穴的时候，人类就会根据洞穴的生活经验，在合适的地方挖掘洞穴，并搭上树干树叶，由此将大树与洞穴的生活经验与记忆合二为一。这些依存于大自然规律养成的生存经验，深深地印入了人们的脑海之中，代代相传，成为后来者营造人类庇护所的宝贵经验。

随着人类的历史进程与文明的融合，这些宝贵的营造经验被不断地汇集积累与检验更新，中国建筑之形的发展形成，呈现出"1+N"的建筑形式特征。

这里所谓的"1"，指的是基于中华文明主流的礼制官派建筑类型，也即前文所提的"轴线合院式"；这里的"N"，首先是基于中国丰富地域，因地制宜形成的诸如吊脚楼、碉楼等地域性建筑形式，也即前文所提的"因地制宜式"；还包括一类随人口迁移与地域文化融合而形成的诸如"广府建筑""湖湘大宅"，以及"土楼""海派建筑"等推陈出新的建筑形式，也即前文所提的"折衷融合式"。

"十里不同音，百里不同俗"，作为世界上地形最丰富而且集多民族于一体的中国，孕育出既统一又丰富的生活方式。总的来看，可以体现为"从一个人到一个天下"的不断融合创新的过程。

"一棵树"与"一间屋"

人类的第一次定居，促进了繁衍，人口数量的增多必然造成附近的食物供给不足，人们开始不断扩大自己的活动范围，以便获取更多的生存资料，如此循环往复，人们离自己的巢穴越来越远。或许在某一天，为了追逐一只受伤的野兔，猎人在夜幕降临的时候，没能及时地回到自己的家里。于是，在一个危机四伏的原始自然条件下，他应该以什么样的方法，才能够安全地度过一个夜晚，成为一个性命攸关的实际问题！他要避免黑暗中野兽的袭击，还要避免不定时的风雨侵袭。作为曾经的树上居民，一棵大树自然而然地成了首选的临时避难所。宽大的树干不但能够最大限度地减少人类生理的短板——背后的袭击，而茂密的树叶还可以遮风挡雨。

在距今 12000 年左右，第四纪冰期悄然而去，万物随之复苏，此时的人类，已经可以熟练地用"火"以及磨制石器，人类终于可以离开自然的巢穴，进入一个可以自主营造的时代。建一个人工之穴，还是筑一个大树之巢？根据所处自然营造条件的不同，人们开始走上不同的营造之路。火的巨大力量，使得人们不再惧怕夜晚的野兽以及寒冷的侵袭，但是，一个易被风吹灭和易引发森林火灾的火堆，也促使人类不断地尝试各种方法来避免这种意外。当然，无论穴居还是巢居，往往都是依水而建，围火而居的。

相比较穴居的无法移动而言，巢居则是比较灵活便利的一棵大树的形态，刚好是一个家的雏形，是大自然替我们预先设计好的一个"刚好"的家。一棵大树的主干刚好是柱子，粗一点的枝干可以是梁，截下的细干也刚好充作屋顶的骨架，茂密的细枝树叶或者树边的茅草可以用来密封屋顶，一棵树刚好就长成了一间屋。

瑞典汉文家喜仁龙曾这样描述中国建筑："木柱从台基上升起，经常达到可观的高度，就像是在土堆和岩石上长满了高高的树木。曲线形的屋顶犹如飘动的柳杉树枝，它们之间若有墙体的话，常常由于巨大的出檐而导致的光影以及开敞的廊道、花格窗、栏杆等的作用几乎消失。"

TIPS　可参照第 152 页，侗族鼓楼建筑的杉树之形以及本书诸多吊脚楼营造。

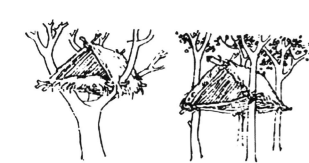

一间屋与一个人

人们最终真正能够理解和欣赏的事物，只不过是一些在本质上和他自身相同的事物罢了。人们都是通过其他人来了解自己，就像照镜子才能看见自己的面目。事物的本质不过是人们集体构建出来的某种共识。透过现象看本质，其实可推测出他人相信什么和知道些什么。在中国人的世界里，"天"与"地"是由盘古开辟的，而天地间的自然万物，则是他的"人形"身体变成的，整个世界是天人一体的。那么，人们在天地之间用一棵树来营造一间屋，也就是在营造自己的另一个身体，打造一个"小"宇宙，而宇宙只是包罗万象的大屋子。

在中国传统的一本古书中，曾形象地描述了一间屋与一个人的一体性："宅以形势为身体、以泉水为血脉、以土地为皮肉、以草木为毛、以舍屋为衣服、以门户为冠带。"与之相应，建筑的各个部位也与人体的部件对应，所以传统建筑构件则直接以骨架、骨干、脊橼、额枋、叉手、托脚、钩心斗角、门楣、门脸、门簪、耳房等命名。一间屋就如同一个人的身体，屋顶就像是双手或者树叶来遮阳避雨，屋架廊柱就像是人的骨骼来抵抗冲击伤害，墙身就像是皮肉保温防灾，而基础就像是人的厚茧双脚，稳定身体、防水防陷。

由此，我们可以看出，"一棵树"与"一个人"组合生成了"一间屋"，也就像是天与人合一而生了一间屋。正是因为中国建筑"生生不息"的生命性特征，由"一棵树"与"一个人"组合而成的"一间屋"自然就带有了两者的优秀基因。所以能一代代一起老去，才是一种基于智慧的幸福吧！

○ 《易经·系辞下传》记载："上古穴居而野处，后世圣人易之以宫室，上栋下宇，以待风雨，盖取诸大壮。"《淮南子·齐俗训》："往古来今谓之宙，四方上下谓之宇。"这种集时间和空间于一体的"宇宙观"也与"栋（宙）"和"宇"有关。

○ 《说文》："宇，屋边也。"宇指房屋的四边，可引申为空间；而宙指脊檩，指的是建筑落成时所举行"上梁"仪式中离天最近的栋梁，就像一个人的脊椎，决定了建筑的寿命长短，可引申为时间。

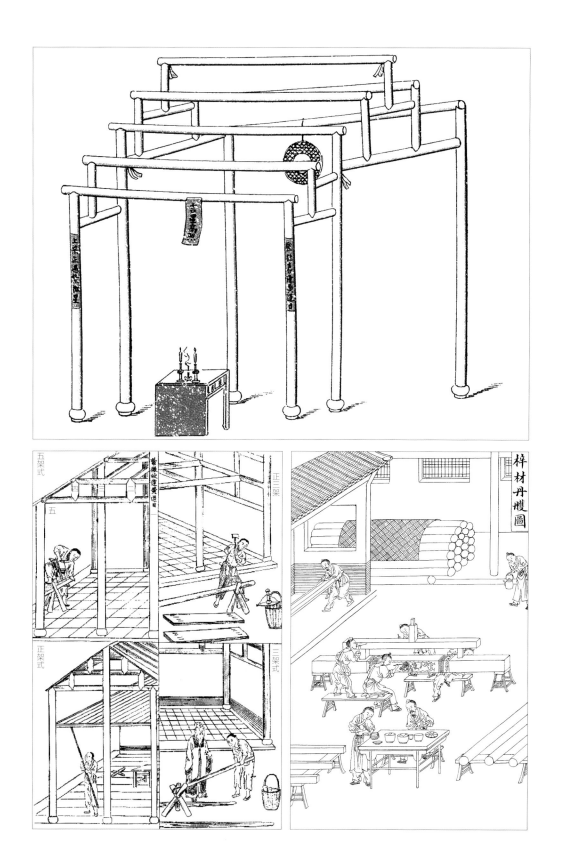

一个人与一个家

一间屋泛指在地上搭建，有顶盖、有墙壁的人工结构，而"家"则是一间屋里的一群特殊关系的人。"安家"意味着稳定的温饱和无尽的关怀，这才是产生"屋"这个人工结构的真正企图。安家则立业，古人从此得以"安"心地在"家"里思考生活的未来，否则就只能用双脚在外面走那永远无法"安顿"的路。建立一个家的态度有两种：其一是将自然拒诸门外，其二是与自然共处一室。这两种姿态不但决定了人与自然的相处之道，也影响了人与人的相处秩序。

"忒修斯之船"是最为古老的思想实验之一，是说一艘可以在海上航行几百年的船，其持续航行的核心，在于不间断修缮和部件更新。只要船的一块木板腐烂了，它就会被替换掉，如此往复，直到所有的部件都不是最开始的那些部件了，这时候则会引发一个"忒修斯悖论"，那就是现在这艘船还是不是原来的那艘忒修斯之船呢？如果不是原来的船，那么从什么时候开始它不再是原来的船了？这个悖论还可以进一步延伸，那就是如果用忒修斯船上取下来的老部件来重新建造一艘新的船，那么两艘船中哪艘才是真正的忒修斯之船？人体的细胞也是不断新陈代谢的，据说每七年人体的全部细胞就会被全部更新一次。也就是说，在物理层面上，每七年你我实际上就变成了另外的人。如果你的一生能活七十岁的话，那就可以说相当于"一生十人"，也就是你的人生是由十个物理上完全不同的"你"组成的，你就是你，但你也不是你了。

通过忒修斯之船和人体的故事我们可以得出：一个整体并不等于组成它的各个部分的简单相加，也就是说系统不是一堆事物的简单集合，而是由一组相互联结的要素构成的能够实现某个目标的整体。一个系统由三种要素构成，分别是：构件、联结与目标。如果把一个人（中国古建）看作一个系统，那么这个系统的目标毫无疑问就是"人"（中国人）这个物种的生生不息，而能够把整个系统的构件要素联结在一起的，是一种反映中国特色的集体秩序——"礼"，这是生产力发展到一定水平，生产关系反作用于生产力的产物，这个我们会在后文中展开讲述，在此不赘言。

尽管"一生十人"，但在人体的新陈代谢过程中，大脑细胞是不会更新代谢的，脑细胞始终处在一种连续不断地死亡且永不复生增加的状态中。也许正是由于脑细胞不变的存储功能，能储存丰富有效的人生经验，才能将组成我们人体系统的各个构件联结在一起，才使得"你"始终是"你"！从这一点出发来看，"礼"就是中国古建这个人的大脑！

从王城到宅院，无论内容、布局、外形无一不是来自"礼"的联结。单体建筑从屋檐形制、屋脊瓦兽到柱梁彩绘都有着清晰的等级分化，而群体的院落格局、器物陈设等也要遵循等级设立。无论是京派建筑的故宫和四合院，还是徽派的祠堂民居，乃至闽派的红砖大厝与客家土楼，无不体现"礼"，成为联结众多建筑构件，成为实现"天人合一"生存目标的关键。

所以，当我们看一个系统时，不能只注意系统显相的构件，而忽略系统隐含的联结和目标。实际上，对一个系统来说，构件往往反而是最不重要和随时可替换的。而系统的联结与目标，才是决定系统行为最关键的要素，也正是中国建筑之所以了不起的根源。搞清楚了系统的构件、联结和目标，现在，我们就可以解答上述的"忒修斯悖论"。忒修斯之船只是构件更新了，而联结和目标没变，所以它仍然是原来那条船，而由旧木板重新构成的那艘船也是忒修斯之船，只不过它已经如父辈般苍老，无法再带我们远航！

TIPS　可参照第 21 页、第 141 页与第 89 页，故宫博物院、蔡氏古民居与王家大院的空间相似。

作邑東國圖

室家墜茨圖

垂典百工圖

从一家人到一个国

《黄帝宅经·序》开篇云"夫宅者，乃是阴阳之枢纽，人伦之轨模"，这句话形象表现了中国建筑是联系天地和规范人间秩序的工具，它不但是天地阴阳交汇的关键，而且是人们社会精神生活准则的空间存在模式。单体建筑之间的相互关系，不仅是由视觉要求决定的，更是由父父子子、君君臣臣的社会现实决定的。在一个家庭里，以家长为核心，按照亲疏关系，与其他成员构成了一个如同建筑平面般展开的人伦关系网络。

在一个建筑群内部，建筑也因其服务对象不同，依据人伦关系网络展开，与之相应建筑的大小、方位和装饰皆不相同，这里各种等级的建筑成为政治秩序和伦理规范的具象表现。这种平面关系的展开又以中央中轴为上，中央是沟通天地的关键所在。"君权神授"，中央的神圣和高贵自然为君权所独有，故"王者择中而居"，"择中上而治天下"。建筑本身成为确定天人关系的中介物，这种独特井然的建筑秩序，被视作天道人伦的展现。

从一个家、一个村、一座城再到一个国，生产力的发展同时也带来了社会结构的逐步复杂，而家族血亲就像一个基本的"细胞"，成为中国社会群体性"系统"要素的基本单元构件。由于其生存环境的稳定性，再加上礼的凝聚力，所以中国古建虽然历经数千年传承，但是由于系统"基因"的稳定而始终保持了外形上的稳定，一看就是一家人！

中国建筑就是中国人，国有五服，家亦有五服①。中国的古建筑也依托于这种独特社会结构的基本单元，发展出一套基于基本单元的生产体系。这些基本单元就是"模块"，而这个生产体系，就是"模块化"②的生产体系（这个将在"建筑之艺"中展开讲解）。这种结构体系历经数千年的考验，与中国人的社会结构一起形成了一套十分成熟的标准化系统。古代的匠人们就在共同的法则之下，在每个不同的尺度层级之上进行预制、拼装、组合，从而完成建筑的设计和生产工作。

合院一住就几千年，实用性固然不在话下，更重要的原因就是将整套中国人的伦理观念现实化。主屋排列在中轴主线上，左右次第将整个家族的血缘亲和、尊卑秩序平均展开。一个屋宇、一个院落，乃至一个城市和国家，都是一个完整的天、地、人为一体的宇宙图景，这种从大到小的分化不会因尺度变化改变其内在的结构。因此，古人对一些重要建筑往往采用象征的手法，模拟时空合和结构模型，将其建成一个个小小的宇宙时空，建筑因而具有明显的时空图式。

TIPS　可参照第 31 页，颐和园就是参照银河星象构建了一个皇家的小宇宙。

⊖ 《国语·周语》有云："先王之制，邦内甸服，邦外侯服，侯卫宾服，夷蛮要服，戎狄荒服。日祭、月祀、时享、岁贡、终王，先王之训也。"即以王畿为中心，按相等远近作正方形或圆形边界，依次划分区域为"甸服"（王畿周围方 500~1000 里之间地区）、"侯服"（王畿周围方 1000 里以外的方 500 里地区）、"宾服"（王畿周围方 1500 里以外的方 500 里地区）、"要服"（王畿以外 1500~2000 里地区）、"荒服"（王畿以外 2000~2500 里地区），是为"五服"。

⊖ 宋代李诚在《营造法式》中提出了"以材为祖"的材分制度，"材"就相当于现在的基本模数单位，"材有八等，度屋之大小因而用之"，房屋因其规模等级的不同，采用不同等级的"材"。其他构件都以"材"作为基础而推算出来，使整个建筑不同的构件之间都有一种合理的内在联系。到了清代，"以材为祖"变成了以"斗口"为标准，尺度的基点变小，而模块化系统是一脉相承的。

鞠謀保居圖

庶殷丕作圖

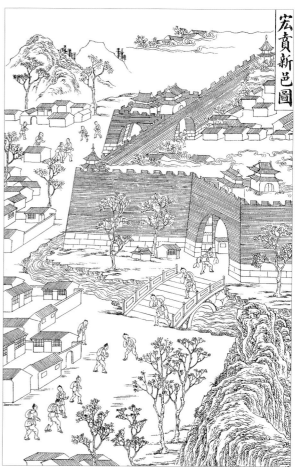

宏賁新邑圖

从一个国到平天下

什么是天下？从字面上说天下就是天的下面，天下面有什么呢？有人，有地，还有树和我们的家。一个成熟的农业文明，能够有效地开展农业生产，根本上是对天时的掌握。天时的变化，成为天下万物的生存根本参照，由此而催生出中国之"礼"。"礼"作为一种社会秩序，也正是建立在"奉天承运"的天下观之下运行的一种社会法则，可以说代表"人道"的"礼"，本质是"天道"的赓续。

中国建筑就是中国人，人工而具体的房屋建筑与宇宙天地，古往今来早已有了互通之处，二者的这种密切关系在《淮南子》记载的女娲补天故事中得到了进一步的描述："往古之时，四极废，九州裂，天不兼覆，地不周载……女娲炼五色石以补苍天，断鳌足以立四极。"在这里，补天的行为同修葺支撑屋宇的过程是如此的类似，偌大宇宙无形中具有了一座大屋子的形象和性质。

天地宇宙的时空观是中国古代建筑集群布局的上层意识形态选择，将"天圆地方"的动态规则应用于静态的建筑中，构建和天地的对应与关联。大到一座城市，小到一间住宅，其规划选址与建筑营造无不体现着如何有效地利用自然规律，规避自然灾害，进而确保物种的繁衍生息，由此形成了中国建筑独特的形制风貌，可以概括为"形"与"势"。

这里说的"形"，指的是近观的、相对细节性的空间构成及其视觉感受效果；这里所谓的"势"，是指以"人"为参照，远观的、大的、群体性的、总体性的、轮廓性的空间构成及其视觉感受效果。形具有个体、局部、细节、近切的含义，势则具有群体、总体、宏观、远大的意义。正是基于这种理论和实践经验，在建筑规划设计方面，也形成了如《周礼·地官》中载述的"形体之法"。

中国建筑就是中国人，无论中国建筑的叠梁式、穿斗式还是土木混合式，作为建筑个体，就像一个人的头、躯干和脚一样，都是由屋顶、屋身与基础三部分有机构成的。梁以上是屋顶，地面以上梁以下是屋身，而屋身以下，包括阶、台基等是屋基。中国建筑的这种三分制在逻辑上是很清晰的。其中汉族建筑的人字形两坡屋顶是中国建筑空间造型最显著的结构美的特征。在古人心中，建筑即五脏俱全之微型宇宙，宇宙只是包罗万象之大建筑。《说文》："宇，屋边也。"宇指房屋的四边，由此而引申出"四方上下"的空间含义；宙指脊檩，即建筑即将落成时"上梁"仪式中所上之栋梁，在很大程度上，这根栋梁使用寿命的长短决定了建筑存在时间的久暂，于是宙便染上了"往古来今"的时间色彩。

在天成像，在地为图，以皇城帝居的缔造为例，古之帝王自称天帝之子，因此其宫室建筑惯仿所谓的天宫之制——秦代在宫殿的规划建设中就大量模拟天体时空结构。这种由神话而来的宇宙时空合和体系往往与天子的"天授神权"相联系，标明天子与上天具有名正言顺的关系，从而表现出其对于天下统治权的合法性，它便常被利用作为宏观尺度上王城建设的依据，而天子自居的帝王宫殿建筑群也常见"象天立宫"的比附法。

皇宫、庙宇等重大建筑物自然不在话下，城乡中不论集中的，或者散布于田庄中的住宅也都经常出现一种"宇宙的图案"的感觉，以及作为方向、节令、风向和星宿的象征，充分反映了古人面对自然形成的天人秩序、面对神明形成的神人秩序以及面对社会营造的人人秩序，体现了人与自然、礼制及社会的相处法则。

中国建筑中颇为讲究的建筑形制，是建立在古人对宇宙时空的认知基础之上的。人本着天人合一的理念，往往依循宇宙时空模式而建立宗法礼制，因此反映宗法礼制的建筑在形式上也努力象征或模仿宇宙时空模型，以此体现天地之间的秩序。于是，承载了天地之道的"天圆地方"图式被用在礼制建筑中便显得合情合理了。历朝祭坛平面布局往往由方、圆两种几何图形相互套合组成，其设计依天之圆为大，地之方为小。最具代表的是礼制建筑"明堂辟雍"，它是古代贵族子弟教育、集会、行礼乐的场所，是等级极高的建筑，圆形的水池包围着方形的明堂，全面演绎了古代"天圆地方"的宇宙时空观。

中国古人因重视天而在建筑中设各种观测和感受天象的"框"，无非是为了将自然天象的时空流变纳入生活环境中，以满足天象展现的自然时空秩序，同时也实现了天道赓续下的人道——"礼"，从而使得每个人在"礼"思想的指导下，实现"修身、齐家、治国、平天下"的人生理想。

TIPS　可参照第 27 页，天坛呈现出天圆地方的天下观。

筑器

建之

一专多能的平常人

一间屋子是用来干什么的？当然是用来"住"的，是人类规避灾害，繁衍后代的场所，构成了"衣、食、住、行"生活方式的一个容器。随着人类进步，一间屋子也不断延伸着人们的需要，逐步拥有了多重功能。

人类的文明是由简单到复杂逐步发展的，社会分工也是逐步精细化的，建筑也就伴随着这种社会的进步而变化。在文明的早期，一切的进展都是较为缓慢的，房屋只有规模大小之分，功能上的要求也很简单。等到社会生产力达到一定水平之后，社会生活就变得复杂，对房屋产生各种不同的特殊要求。

自人类文明诞生，人类对物品的设计不外乎基于两种方式：一种是"通用式"（类似轴线合院式），也就是说总结和综合很多的要求，产出一种标准的形式供大家去选择；另一种是"特殊式"（类似因地制宜式与折衷融合式），按照个别不同的具体情况、不同的要求进行特殊的个别设计。在现代工业生产中，前者称为"制成品"，后者称为"定制品"。

在历史上，相比较而言，西方建筑设计偏向"特殊式"，而中国建筑设计反而偏向"通用式"。依据中国建筑设计的原则，房屋就是房屋，最好为同一种样式，不管什么用途，几乎都希望能合乎使用。如果我们对照现代主义建筑的国际式风格特征，不难发现中国建筑可以说是现代主义国际式风格的雏形。

随着生产力的发展，人口的增多，促进了中国建筑"通用"式特性的扩展，轴线穿院、院院相连的"轴线合院式"建筑类形，开始逐步成为中国建筑的主流。从老百姓住的小院到辉煌的紫禁城以及道观寺庙，都是院落组合，左右对称，区别也仅在于大小和复杂的程度。由此我们可以说，中国建筑是一屋多能的，也可以说是一个一专多能的人！

是容器不是武器

当我们的祖先开始站立在大地上时，他们面临着全新的生存挑战。在过去，栖息在树上时，他们轻松地躲避了来自地面上其他生物的威胁。然而，现在站在地面上，两条腿的人类却很难在速度上胜过四肢的动物。就像刺猬身上的刺和老虎的尖牙利齿一样，人类开始寻求合适的替代品，以提升自身的生存能力。于是，双手的自由成为开启智慧之门的关键，双手与大脑相互协作，激发了最初的工具观念。

双手的解放，不仅改变了人体形态，还催生了一系列创新。人们通过双手抓握与操控，充分利用曾经手中熟悉的东西，扩展和创造更加实用的替代品。于是，最适合双手握持的木棒和石头浮现在他们的脑海中，成为最优先的选择。

木棒随处可得，易于随身携带，而且双手抓握树干的原始记忆，更是深刻在我们的基因之中，使得木棒成为人类生存法宝的首选。但是，除了凭运气偶然获得之外，想获得一根称心如意的木棒，仅凭双手的力量是很难的，人们需要一种比木头更坚硬的东西。也许是当初用石头代替牙齿，来破开坚果果壳的记忆留存，一块能被双手紧握的薄石片，就成了替代野兽的利齿而获得"如意木棒"的另一件生存法宝。后来，两者的优势被人们自然而然地组合在了一起——将一块尖锐的石块，用草绳或动物的筋肠捆在了木棒之上。终于，人类拥有了第一件像样的工具——长矛，成功地实现了尖牙利爪的替代与延伸。

想象一下古人类生活在野外，饮水对他们来说是一个不可或缺的需求。随着直立行走的发展，人类获得了自由的双手，人们开始尝试用双手捧水喝。这不仅让他们更轻松地获取水源，还能避免直接接触水源可能带来的卫生与安全的问题。通过将水捧在双手之间，人们仿佛创造出了一个小型容器，这就是碗的雏形。虽然只是两只手掌的凹处，但它却是人类拥有的第一个容器。后来，人类开始将这个简单的概念进一步发展，用各种材料，如陶土、木头、石头等，制作更为精致和实用的容器。于是，人类拥有了第二件像样的工具——碗，这些碗不仅可以用来饮水，还可以用来存放多余的食物，成功替代了诸如猴子腮帮子的嗉囊和松鼠的洞穴储存功能。

长矛与碗，一件是生存的武器，一件是生活的容器，虽然是最简易的工具，却在人类的进化历程中扮演了关键角色。长矛的使用不仅增强了狩猎能力，展现了人类智慧的飞跃，也为社会的合作和文明的发展奠定了基础。容器的发展不仅改变了食物的处理和保存方式，也为人类提供了更多的时间去探索其他领域，进而催生了更复杂的社会结构，人类开始从渔猎转向定居，一间房子开始成为容纳人们生活的容器，一种更稳定的生活方式逐渐形成。后来，尽管我们不断发明的越来越多的工具，也不过都是武器与容器的延展。

能够经受岁月洗礼的器物，或多或少都在反映或配合着生命的意象，都以人力所及为原则。比如，一般砖头的尺寸，每块都以双手拿起来"刚好"的感觉来定厚薄和重量。即便在今天，各类现代化的产品还是以此为原则，"手"机等移动终端无论做得多小，大多还是保持在"刚好"的形态上，因为"刚好"令人在日常的生活中幸福顿生。

现今，人类已是地球霸主，不再受其他物种威胁，但却需要更多可持续的工具来容纳与调和人类内部的矛盾与争端。与西方的工业文明过分改造自然的"武器对抗"性工具相比，"容器顺应"性的中国建筑以及它容纳中国人的生活方式，开始显示出一种朴素的成熟自洽，表现出一种有容乃大的可持续和谐智慧。需要引起我们注意的是，工具的本质意义是身体的延伸，目的是维护身体的存在，并不是取代身体，因为失去了身体，我们也就失去了生命。中国建筑以不变应万变，通过独有的营造思想以及形制功能，有效地处理了人与自然、人与人的关系，使人类与环境共生共荣。与工业浮华不同，这种持久的生活方式注重内外平衡，引导人们寻求身心的合一，已经开始为迷茫的现代社会提供可持续发展的中国药方。

TIPS　可参照第 137 页，土楼可谓是一个形象的生活容器。

缸造

从礼制到礼器

据说，智人能够战胜当时地球上其他比他强壮的原始人种类，依靠的是突出的语言能力推动"认知革命"，即虚构故事的能力，也就是我们俗称的"八卦"。这种能力可以传达大量关于智人社会的信息，使得智人可以集结大批人力，由此突破了"邓巴数字"的限制，使得协作的对象不仅包括有血缘的家人和熟悉的区域个体，也包括陌生人。

随着生存环境的不断变化，智人物种开始向不同的地域环境迁徙，并以这种"虚构"的能力，取得了一种团结一心的集体优势，慢慢取得了物种的优胜，并不断适应环境的变化，逐步演化成当下的各色人种。当然，身处不同环境的智人，团结大家的方式是不同的，生存环境的多样性也就决定了集体法则的不同，这也就对应了各种文明的差异，造就了各种文明的各奔东西。与"神本"的西方主流建筑受宗教普遍而决定性影响一样，"人本"的中国主流建筑营造活动则处处受到"礼"的规范。

作为一种集体的法则，"礼"不只是社会行为的典章制度和道德规范，更是中国古建的营造规范与标准。"礼"规范着一群人构成的社会秩序，同时也制约着一群人的建筑营造。建筑随功用、方位、主人身份等不同而有极严格的等级差别，按照礼的规范在约束中变得"尊卑有分，上下有等"。

"宫墙之高，足以别男女之礼"，这也许就是最早正式将"礼"和"房屋"拉上了关系。事实上，中国古代住宅的布局就是由"别男女之礼"功能引申而来的。皇宫中的"六宫六寝"、宅舍中的"前堂后室"将男女活动和生活的范围做出严格清楚的区分。前文中四合院中说的"北屋为尊，两厢次之，倒座为宾"的位置序列，完全就是一种"礼制"精神在建筑上的反映。

从表面看，"礼"似乎只是一些制度与规范，但是这种规范背后实际蕴含着一套合乎自然规律的群体生活智慧。比如《周礼》的"冬官"是源于农业社会，冬天的农人处于闲暇空闲之中，而干爽的气候适宜土木建设，故由此而得名。自此，包括城市规划以及建筑营造的等级、布局、形制等，很早就被严格地规定了下来。在幅员广阔的中国，山峦阻隔，这种"礼"是如何流向大江南北的呢？事实上，众多不同的地域、民族的建筑呈现的不同面貌，还需要一种强大的黏力，才能将各块木板汇集成为一个"中国建筑"的忒修斯之船，这种黏力是文字，是以汉族为主使用的文字。

"家族之制"对中国建筑群体组合有深刻影响，建筑的群体组合，又反过来体现"家族之制"的"礼"。家族结构与建筑结构，在社会秩序层次上是一样的。这种礼的结构、结构的礼，不仅体现于一家一户，也体现在很多诸如"张谷英村"的大姓之村，更体现于历代帝王宫殿如明清北京紫禁城中。

匠人造宅与营国，基本是一种以"礼"为指导思想，以"人"为中心展开的，

㊀ 《礼记·礼器》中说"天子之堂九尺，诸侯七尺，大夫五尺，士三尺"，《唐会要》中规定"王公以下屋舍不得施重栱藻井；三品以上堂舍，不得过五间九架，厅厦两头，门屋不得过五间五架；五品以上堂舍，不得过五间七架，厅厦两头，门屋不得过三间两架……六品、七品以下堂舍，不得过三间五架，门屋不得过一间两架"。

㊁ 宫墙之高，足以别男女之礼。——《墨子·辞过》。

㊂ 王国维《明堂庙寝通考》："我国家族之制古矣。一家之中，有父子，有兄弟，而父子、兄弟又各有其匹偶焉。即就一男子言，而其贵者有一妻焉，有若干妾焉。一家之人，断非一室所能容，而堂与房，又非可居之地也……其既为宫室也，必使一家之人所居之室相距至近，而后情足以相亲焉，功足以相助焉。然欲诸室相接，非四阿之屋不可。四阿者，四栋也。为四栋之屋，使其堂各向东西南北，于外则四堂，后之四室，亦自向东西南北而凑于中庭矣。此置室最近之法，最利于用，亦足以为观美。"

㊃ "匠人营国，方九里，旁三门。国中九经九纬，经涂九轨。左祖右社，面朝后市。市朝一夫"出自《周礼·考工记》，反映了我国早期王权至上的规划思想，后为历朝历代所沿用。宫室建筑从单体的形式到群体的排布，都遵循着"尊卑有序、上下有分、内外有别"的伦理法度。《周礼·天官冢宰》就有"掌王之六疫之修"及"以阴礼教六宫"的有关"六宫六寝"之制的记载。

也就是以"主人"为中心来定位区分左右前后，同时参照人体对称的一条虚线作为家国营造的基准线，来实现左右的对称，这条对称线，就是我们熟知的中轴线。这样一个由一家之主或一国之君为中心营造的家或国，便以一种中轴对称的院落式布局形式，在平面上慢慢地展开形成，同时也构成了一个极其严密的"礼"的社会秩序。院内是家中的秩序与自由，一墙之隔则是社会的秩序与自由，由此"人宅一体，家国一脉"，通过建筑的秩序也就构建出了"礼"的社会秩序，从而实现了礼制向礼器的转译。一个村镇或是一座城里的建筑群，也可以看作容纳一群各安其分、有规有矩的人的"礼器"。

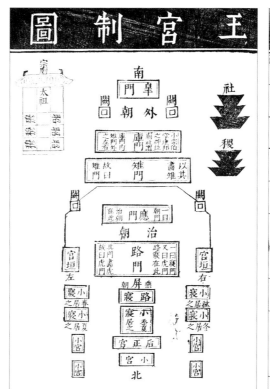

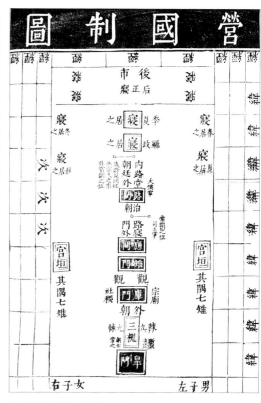

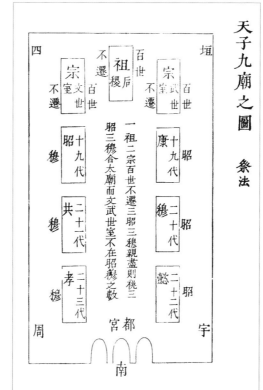

TIPS 可参照第 117 页与第 118 页，宏村汪氏宗祠与西递古村追慕堂是"礼"的代表。

以不变应万变

一树砍削为柱，立于路口，称为"谤木"，原为上下沟通之用，而后可观影知时，称为"表木"，再经发展则为"华表"。华表逐步发展为建筑前的装饰，往往以两根木柱或石柱形式立于道路两边。两根柱子加一根横木，三木构筑称为"衡门"，是牌坊的雏形。四木为柱穿四横木，上盖屋顶，就是一个亭子。把亭子沿一个方向单元复制连接，就是廊。把亭子缩小，然后两面以窗封闭，前后加帷幕，放置两个轮子之上就叫作轩。把亭子的四面围合起来，一面开门窗，就成了一间屋，再多开点窗，也叫作轩。将这间屋放到一个台子上，就叫作榭，榭一般放在水边，探出到水面之上，就是水榭。如果将这间屋子直接放到一艘船上，就叫作舫。如果将这间屋子向上复制数层形成"重屋"，并架于高台之上，每层一面或两面设备，供人们凭窗观景或者单面可出门观景，则成为楼。楼的每一层四周皆设窗可开敞，每层设有挑出的平座，人们可以环阁漫步、观景，平座设有美人靠（一种类似凉椅式的座椅），供人休息，凭栏观景，就叫作阁。

同样的一间屋子，放在不同的地方，则具有了不同的功能。古代的中国建筑不存在以用途来分类的概念，房屋之中只有大小和级别之分，基本没有因用途不同而相异。可以说，中国古建是"先形式，后功能"的，这种营造思想与20世纪现代主义的建筑思潮可谓异曲同工。但是，和今天依旧主流的现代主义建筑不同的是，古代的中国建筑虽然早就有了现代主义的特点，但是没有遇到国际风格建筑面临的问题。不得不说，"人本"的中国建筑这种在"礼"约束下的模块化标准营造体系，表现出的克制与生生不息的智慧，也许能够给人类未来的生活方式提供更多的启示和借鉴。

将一座教堂改成一座住宅是不可想象的，二者无论从形式还是功能上都不可混为一谈，而中国建筑却能以同一种建筑形式满足不同的用途。在同样的空间里，既萦绕着宗教的永恒意味，也传出婴儿呱呱坠地的生命呼声。"神"的空间，人的尺度，这便是中国建筑。有一个故事说，很久以前有一位大官在他的老家花了很多钱盖了一座非常豪华的房子，极尽当时营造之所能，于是不可避免地超越了"礼"的规定。皇帝听说了这件事情，就要以僭越之罪惩罚他。这位大官很聪明，他急忙上书给皇帝，说他盖的不是普通的家，而是一座寺庙，要在盖好后把这座寺庙捐献给国家。这样一来，虽然他损失了宅子，但也逃脱了罪名。另外还有一个最有代表性的故事，是说清朝的雍正皇帝，他还没有当皇帝的时候，住在一个叫雍亲王府的地方，等他当了皇帝，他就把这个地方改成了雍和宫，变成了一个藏传佛教的寺庙。

中国古代建筑以同样的结构形式适应不同的用途，可以灵活应对各种情况，充分体现了以不变应万变的生活智慧，使得中国建筑在不同的时候和场合都能发挥出最大的作用。尤其是在瞬息万变的当下，更能体现出这种生活智慧的了不起之处。

TIPS 可参照第 98 页与第 40 页，拙政园与雍和宫就是分别代表南北"以不变应万变"的代表。

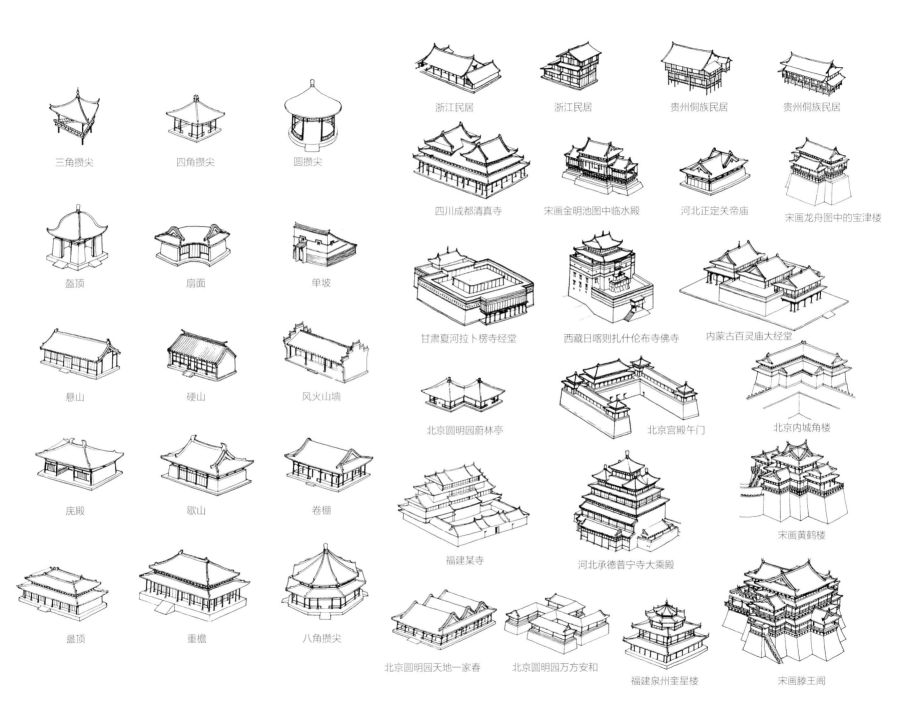

三角攒尖　　　四角攒尖　　　圆攒尖

盝顶　　　扇面　　　单坡

悬山　　　硬山　　　风火山墙

庑殿　　　歇山　　　卷棚

盝顶　　　重檐　　　八角攒尖

浙江民居　　　浙江民居　　　贵州侗族民居　　　贵州侗族民居

四川成都清真寺　　　宋画金明池图中临水殿　　　河北正定关帝庙　　　宋画龙舟图中的宝津楼

甘肃夏河拉卜楞寺经堂　　　西藏日喀则扎什伦布寺佛寺　　　内蒙古百灵庙大经堂

北京圆明园蔚林亭　　　北京宫殿午门　　　北京内城角楼

福建某寺　　　河北承德普宁寺大乘殿　　　宋画黄鹤楼

北京圆明园天地一家春　　　北京圆明园万方安和　　　福建泉州奎星楼　　　宋画滕王阁

轻构造重陈设

中国建筑的形式构造基本是大同小异的，也就是说，通过看一间房子的外形和建筑的构造是很难判断它的功能用途的。那么，古人是如何处理这个难题的呢？

第一，可以通过增添建筑外部标识或者小品设施来实现功能的转化，例如，在建筑外部添加标志或招牌，能够清晰地告诉人们建筑当前的用途。举例来说，如果是一座寺庙，古人会在寺庙的门前设置高大的山门，上面可能会雕刻佛像和佛教故事，这就向人们展示了这个地方是用来修行和礼佛的。如果是一座府邸或宅院，古人可能会在大门口设置宏伟的牌楼，楼上可能会有对联和门神的画像，表现出尊贵和繁荣。府邸的院落可能会有亭台楼阁、花园水池，展示主人的高贵身份和生活优越。如果是一座商业场所，比如市场或商店，古人可能会在建筑门口悬挂鲜艳的旗帜招牌，门口可能会摆放一些特色商品，以此吸引顾客。让人们知道这里是繁忙的交易地点。如果是一座学府或书院，可以在建筑中设置文人们钟爱的亭台楼阁，墙壁上还可以刻有经典名句，传达学术氛围。院内可以设置草木青翠的小庭院，提供一个可以读书的清静环境。这些陈设和小品设施就是这座建筑的标志，有效地通过图案、装饰、布局以及文字内容来传达建筑的用途和内涵。人们只需要一瞥就能明白这座建筑的特点和功能，而不用走进去了解。这种方式不仅丰富了建筑的外部形象，也让人们更好地理解建筑的用途，为古建筑增添了一份神秘和吸引力。

第二，可以通过内部分隔来实现使用功能，这也得益于中国木构架的框架构造形式，墙不是承重结构，因此可以相对自由地布置。借助分隔墙、屏风等，可以将原本开敞的空间分隔成不同的房间，以满足不同用途的需要，一个大厅可以通过移动的隔屏，变成不同大小的房间，用于不同的活动。就像我们的家里有不同的房间一样，古人也把大房间变成小房间，每个房间有不同的功能。举个例子，有一间大房子，通过隔断分隔出一个大的房间，里面可以举办礼仪庆典，再分隔一个小一点的房间，可以用来睡觉，再分隔一个房间用来读书，还可以根据生活需求的变化，及时对这个大房间进行功能重组，于是，在同一座建筑里，就实现了丰富多元的功能转变。

第三，可以通过陈设和装饰来实现功能细化。就像现在流行的所谓轻装修重装饰的思路一样，中国建筑室内经常用不同的陈设与家具来改变房间的用途。比如房间里如果布置上佛像，就可以是一间佛堂；布置上牌位就变成一间祠堂；布置书架、书桌，就成了书房；如果放置床榻，房间就可以作为卧室；另外加上不同的装饰也可以改变房间的感觉，像摆放花瓶、挂画等。

更有意思的是，室内的家具、隔断、陈设等往往以谐音的方式寄托着人们对美好生活的向往。比如，中古建筑的厅堂，讲究的摆放方式是"东瓶西镜"：东边放一花瓶，西边放一面镜子，中间放钟，象征终（钟）生（声）平（瓶）静（镜）。

通过这些方法，同一座建筑可以在不同的时间和场景下实现多样化的功能，充分发挥其灵活性和适应性，并被冠以不同的吉祥象征，在一个不变的空间内，营造丰富的空间与生活体验。

床榻

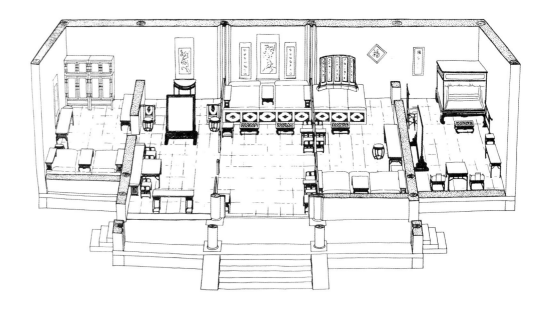

桌、靠背椅、凹形床

屏风、案、桌、扶手椅

平常人的不平常

中国建筑推行了标准化营造，因此，在人们的思想中，"房屋"的概念已经"定型"，有了局限，似乎不是这样就不能算作房屋。几乎所有的建筑可以说都由一种范式演变而来。我们可以形象地说，这种标准营造的范式，就像是一个伟大的母亲，规规矩矩地孕育了众多外表相似的孩子。当然，中国人并没有认为沿用下来的"通用式"标准形式有什么不好，在任何时候、任何情况下似乎都能适应各种使用的要求。

然而，凡事总有例外，一个平常的人也会有不平常的时候。中国作为一个地大物博的国家，不仅在主流的木建筑领域拥有丰富多样的形式，还因为特殊的功能需求创造了许多专门的功能性建筑，这些建筑既满足了人们的生活需求，也彰显了中华文化的多样性。

在"礼"的社会秩序之下，中国建筑不但是"礼制"的一部分，同时也产生了一系列由"礼"的要求而来的特殊"礼制建筑"，例如以正名之由教化子民顺应天象来巩固统治，帝王们建造了系列可以认识天象并且能"通神灵，感天地"的特殊礼制建筑——天坛、明堂、辟雍等，以及因"礼"而产生的建筑小品，诸如阙楼、钟楼、鼓楼、华表等，成为中国建筑主体之外的"礼器"，表现出不同于平常建筑的不平常。另外，为了凸显"天子"与天的联系，还营造了专门用于观测自然现象的建筑，如观星台、日晷等。

随着佛教等宗教的传入，中国的建筑发挥一直以来的容器性特征，在兼容并包的同时，也使得这些外来建筑显现出不寻常的建筑形制与功能，其中，最显著的例子就是佛教的塔。原初佛教塔的核心功能是供奉佛陀舍利和经卷，以及为修行者提供修行场所。中国的佛塔在原有塔的基础上，逐渐融入了中国本土的建筑"楼阁"的特征，不但形成了独特的中国古建形态，同时还兼具了礼佛的佛堂功能。

佛教的传入还催生和促进了"石窟"这种石营造建筑的发展，只不过与西方主流式石头建筑不同的是，这种被称为石窟寺的特有功能建筑是以"减法"雕刻为主要营造手段的，并辅以壁画等装饰，结合中国本土的木营造建筑，形成了中国古建这个平常人身上不同寻常的一种面貌。

中国建筑是较少有个性的，纵观中国的建筑历史，个性的彰显从来不是建筑的功能。可是，即便是一个平常人，也会在某些特定的时间和场合，穿上应时应景的装扮，度过一个不寻常的一天，如此天长地久，就变成了一种象征，成为中国建筑中较为独特的存在。

TIPS　可参照第 167 页与第 171 页，莫高窟石窟寺与嵩岳寺塔等，成为一种非常的建筑存在。

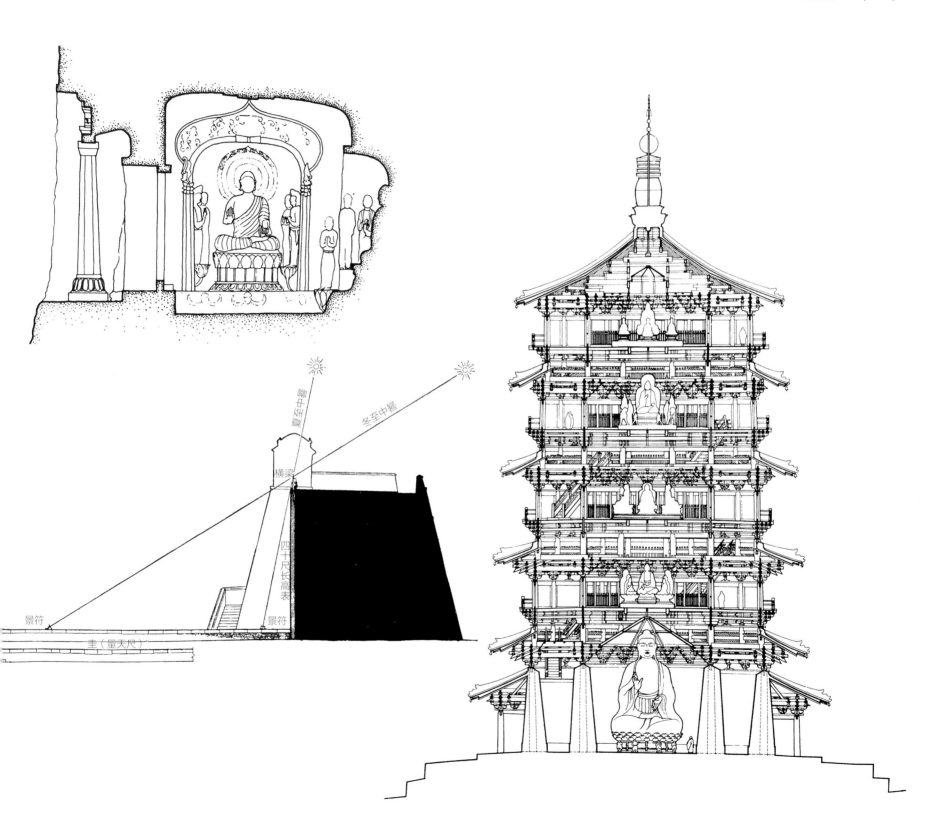

夏至中晷

冬至中晷

横梁

四十尺长高表

景符

景符

圭（量天尺）

筑材
建之

天下都是有缘人

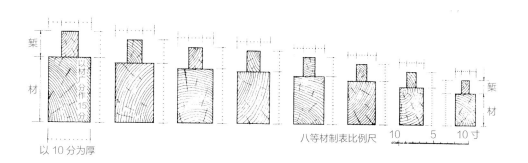

架
材

以材广分作15分

以 10 分为厚

八等材制表比例尺　10　5　10寸

架
材

天生我材必有用!

"材"是营造的物质基础。影响材料在建筑中使用的核心要素是材料自身特性和社会习俗两方面。起初,建筑材料都来源于大自然,如泥土、石料和木料。自然的有机物料,都带着一种与生俱来的生命形态。在现代技术持续发展改进的当代,材料则成为地区性和在地化最忠诚的反馈。有句话说得好:"一棵树、一粒石、一个人,它们在想什么我都知道。因为很久很久以前,我们都是来自一个地方。"这背后蕴含着一种天下万物的因缘聚合,也点出了中国建筑中最与众不同的可持续建材——"人"材。

中国建筑就是中国人,那么,"土"与"木"无疑是中国建筑的"肉"与"骨"。在中国建筑材料的使用中,以土和木的应用为最早,所以,"土木"似乎成了中国建筑的代名词。当然,一个人不只有"肉"与"骨",所以中国建筑也绝不只是土与木,"五材并举"才是中国古代对建筑材料选择的基本观念。这里的"五"是个虚数,表示的是材料的多样性,对材料的应用是无所偏

重的,体现了多材共构、人材共生的循环营造体系。

一个人的幸福生活,首先是身体的健康,其次是身心合一的精神愉悦。那么建筑最首要的需求也是安全健康,其次是人居住时的心灵感受,归根到底是说能否人屋共生,相互依存,达到最大的生命年限。由此,不但需要不同的材料发挥结构、维护和装饰等基本功能,而且还需要通过材料之间的融合,生产出性能更好的人造材料来代替自然材料。例如,砖就很好地替代了夯土墙的维护与石材的台基功能。用更少的材料解决同样的问题,本就是建筑营造发展的一大动力!

"材"也是营造的文化基础,在材料的物理属性之上,中国建筑还将其纳入了"礼"的社会人文秩序之中,以"修身之心"用于家宅之上,从原本的建筑之五材,配对、推演至天地万物,形成了一种对应形式,创造出丰富的"五行"文化系统,并由此创造出丰富多彩的建筑及社会文化景观。

㊀《营造法式》提出"凡构屋之制,皆以材为祖"的观点。

㊁《左传·襄公二十七年》亦称:"天生五材,民并用之,废一不可。"李诚在《进新修〈营造法式〉序》中说"五材并用,百堵皆兴"。

㊂ 五行,也叫五行学说,是中国人认识世界的一种方式。五行概念始于《尚书》,单纯地指代水、火、木、金、土五种常见的自然物质材料。五行的意义包涵借着阴阳演变过程的五种基本动态:金(代表敛聚)、木(代表生长)、水(代表浸润)、火(代表破灭)、土(代表融合)。中国古代哲学家用五行理论来说明世界万物的形成及其相互关系。它强调整体,旨在描述事物的运动形式以及转化关系,后经春秋战国至两汉的发展演变,在相生相克思维的基础上,又附之于阴阳、四时、五方、五德等元素,形成了一个完整的五行文化系统模型。

大地母亲

"土曰稼穑"，在中国人的世界中，"土"是大地的代名词，厚德载物，几乎是所有材料的最初来源。它滋养植被，润泽作物，同时可在人力之下，与其他材料结合生成为砖、陶、瓦等具有硬度的实体材料。在很早成熟的农业文明时期，土可以说是中国人最熟悉和擅长料理的材料。从开始利用天然洞穴到人工开凿巢穴，再到土坯的使用、夯土技术的发展及后来的版筑技术再到高台建筑，"土"伴随着中华文明一路至今。尘归尘，土归土，让往生者重生，让在世者解脱，如此往复，生生不息！

土是一种普遍存在的天然材料，因其取材便捷、加工方便的特点，在各种文明发展初期就被广泛采用，并在一些文明中沿用至今。由于土松散的特性，因此需要人为加工后才能广泛地用于营造，加工方式主要有三种：第一种是夯土的技术，相当于一个肥胖者的减肥运动，是将土置于筑板之内并用杵夯实，待定型后去掉模板，也就是通过健康自然的生活方式减掉疏松的肥肉；第二种是将土和其他辅助材料加水掺和、搅拌成泥后放置于模板中制成双手可搬的长方形土坯，主要用于砌筑墙体，相当于这个肥胖者在减肥运动之后，通过饮食调配结合锻炼来增肌塑形；第三种是将土加水制坯后烧制成砖、瓦使用，就相当于这个肥胖者不但瘦身成功，而且肌肉结实，棱角分明，还参加了专门的体育训练，成长为一个专业的运动员，从而拥有了普通人没有的能力。

其实，只要不是在水中长期浸泡，夯实的土拥有很好的承载力和耐久性，是一种最为自然健康的状态，就像一个不依靠外力、自主修身的人，往往是最健康长寿的人一样。这一点可以由干旱少雨的四川省阿坝州汶川县的多处超过三百年的夯土碉楼得以证明，同时在雨水充沛的闽中、赣南、粤北等地也有大量夯土碉楼而得到进一步体现。

在所有的建材中，在我们脚下的土，可以说是最不被人重视也是最为普通的一种材料。但是，一旦它与其他的材料有缘相聚，它就会由"土生土长"变得丰富多彩，甚至高不可攀。"水火既济而土合"，作为水、火、土三者的结晶，砖与瓦以及陶瓷的发明彻底改变了古人的生活方式和生存状态。在脚下的土，经过双手的聚合与水火的洗礼，在建筑的位置逐步上移扩散，从地面到墙体，从室外到室内，最后如浴火重生的凤凰，一跃为屋顶最高贵的存在。

"溥天之下，莫非王土，率土之滨，莫非王臣"，"天人合一"的宇宙观以及以"礼"为中心的社会秩序，土不只是一种建材，更上升成为一种文化符号，在建筑的方位中，"土中"受到极大的重视，被视为是王者之位。北京故宫的三大殿就坐落在一个"土"字形台基上（可参阅京派建筑章节中的故宫图片），充分地表达了"土"的礼制文化属性。造型独特的大屋顶，更是成为"礼"的重要舞台，在华丽丰富与简约质朴之间，上演了理性的秩序与感性的艺术充分融合，成为一顶顶合乎人身的"礼"帽，构成天下一道独有的风景。

TIPS　可参照第 135 页，东倒西歪的裕昌楼体现了"土"的坚强。

㊀《诗经·小雅·北山之什·北山》

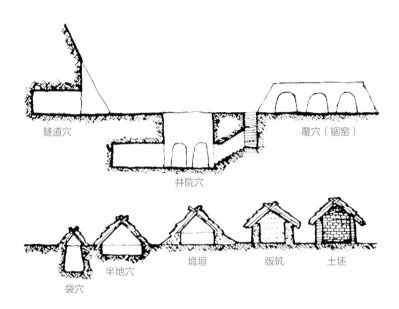

隧道穴　　　　　　　　覆穴（锢窑）

井院穴

袋穴　半地穴　　垛垣　版筑　土坯

木之所及

"木曰曲直"，木材来自树木，由土而生，可曲可直，与人类一起在大地上生生不息。树木的砍伐讲究"遵天时"，就是说砍伐树木必须按照自然界一年四季的自然规律来进行，因为春夏两季树木含水量大，此时砍伐的树木容易腐烂，不利于保存，所以春夏两季是不宜砍树的，伐木最好在秋季和冬季进行，由此人们总结出万物"春生，夏长，秋收，冬藏"的自然规律。这种将"人"的行为顺应置于自然规律之中而形成的"天有时、地有气、材有美、工有巧"的造物智慧，成为中华民族世代流传的一种了不起的文化基因。

良好的木材在干燥的地区，如善加维护，也可有千年的寿命。一般的木材，在小心维护使用下，百年的寿命应无问题。"干千年，湿万年，不干不湿就半年"，由此可看出环境的稳定对木材寿命长短的影响。木材给人的普遍感受，还是体现为一种生命的渐逝本质，正如"中国建筑就是中国人"，中国建筑之道不要求以生而有涯的木材去应对无尽的时间消逝。

不同树种有不同的性能，经过长时间的历史变迁，我国形成了"南杉北松"的建材格局。大木作常常用软木，自重轻且便于加工；而小木作多用硬木，具有较好的承载能力。人们见惯了自然界中自然生长的树木，因此在建筑材料使用中也保持了这个习惯，房屋的柱子讲究和自然界生长态势一致，讲究的人家在建房时，特别注意所用木料均须按自然树木生长规律使用，树根在下，树梢在上，正如民间俗话说的"瓦房三间，不用倒木半寸"。

"木伴而生"的中国人对木是偏爱和执着的，木材的应用范围极其广泛，大到居住建筑，小到床、榻家具以及车、轿交通工具，甚至死后的棺椁等，无不以木为之。建筑的大木作和小木作，在结构上是同构的，建筑中的木构技术不但可以应用于其他木作工艺上，甚至影响其他诸如砖、石、金属的工艺。

当然，与其他材料相比，密封状态下的木材十分容易腐烂，从而影响建筑的稳固和安全。因此，为了使木构件能够有更长的寿命，最好的方法就是使其处于经常通风的环境中，当然，暴露在外的木构造还需要以某种工艺"美化"一下，如此，经过长期的发展，中国建筑的木结构逐渐成为力与美的完美结合。

当然，木结构之所以在我国建筑上长期居于主要地位，首先是经济性强，因为木材在中国非常充裕，同时比石材易于运输和加工，施工工期也比较短；其次是其优越的材料特性。据说，中国古建最常用的柏木具有四倍于钢材的张力和六倍于混凝土的抗压力，而且是一种可持续建材；最后，木结构还具有分间灵活、门窗开设自由等实用方面的优点，因而在长期应用中，逐步达到了成熟完美的地步。木结构固然有易朽易燃的缺点，但是古代积累了丰富的维修经验，即使毁坏，重建也比较容易。据说之前有一个年轻的女学生，通过对传统营造的学习，居然以一个人的力量加工搭建，1：1复制了一个故宫里的小亭子，充分说明了木材的营造优势。与石材相比，木材不但可再生，而且运输方式多样，材质易加工，轻盈易搭建，可谓省时、省力又省工。

"十年树木，百年树人"，木与人的一生都是"无常"的，"无常"似乎与"永恒"是对立的，但仔细推究起来，无常才是常，生生不息才是生命的永恒。我们需要的是代代相传、生生不息而得到永恒，而不是以妄为常地追求"长生不老"。一般说来，木建筑如果要保持完整，往往二三十年需要大修一次。二三十年，不但一棵树可以成才，也正是人间的一代。上代的建筑，到了下一代长成的时候，也就到了该重修的时候。人生七十古来稀，假设古人的平均寿命大概在五六十岁，二十来年跟着上一代学着大修一次，再过二十来年又可以教下一代大修一次，那这一辈子正好可以参与两次大修。在这个过程中，就完成了新木与旧木、上一代与下一代以及古建技艺的传承不息。一方面，这是一种传承的责任，另一方面，也是一种机会，可以慢慢地推陈出新。

TIPS 可参照第 78 页，应县木塔体现了看似柔弱的"木"之韧性。

1. 石斧伐木——截端略呈桩尖状

2. 木材纵向劈裂，使用石楔

3. 江苏吴江出土带木柄的石楔

平身柱两侧插梁的榫卯

柱头与梁相接的榫

转身柱直角插梁的榫卯

拉杆——联系梁或穿插枋带销钉孔的榫

直灵栏杆榫卯

柱脚与地板梁（龙骨）相接的榫

企口板

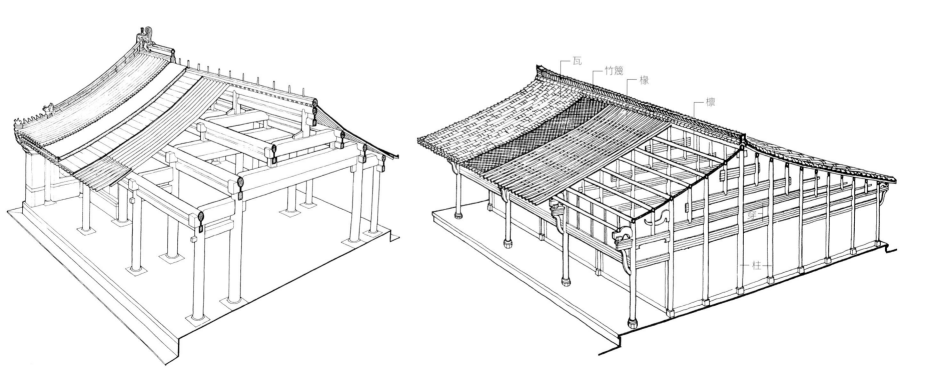

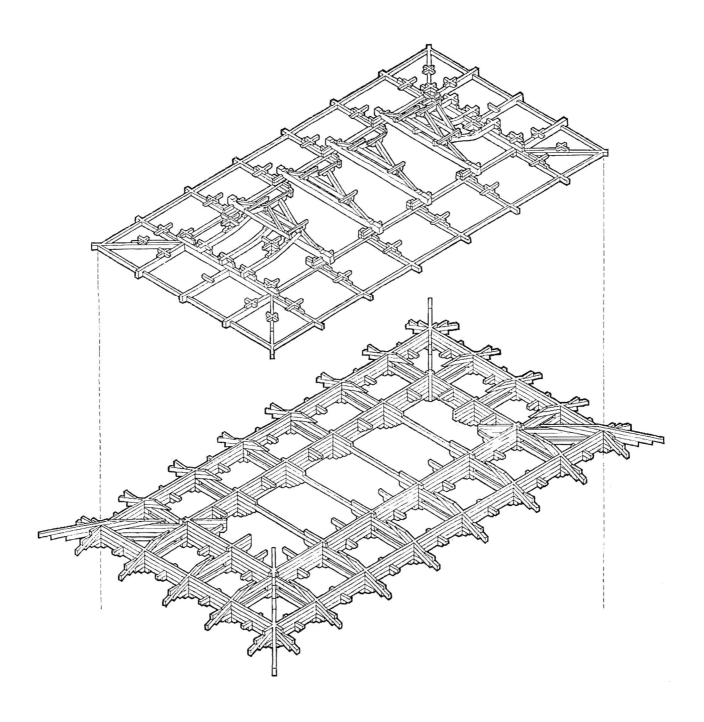

TIPS　可参照第 71 页，山西佛光寺的唐代木构工艺。

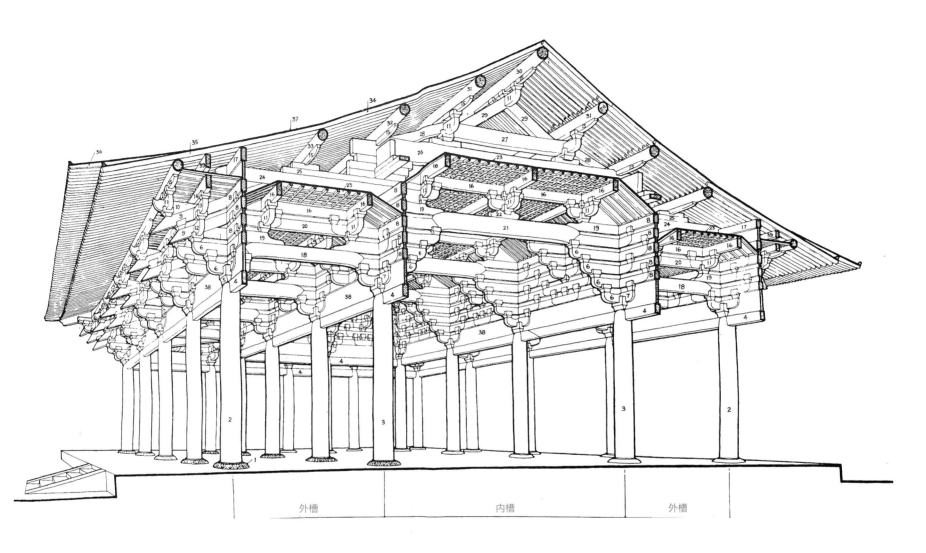

1—外槽　2—檐柱　3—内檐柱　4—阑额　5—栌斗　6—华栱　7—泥道栱　8—柱头枋　9—下昂　10—耍头　11—令栱　12—瓜子栱　13—慢栱　14—罗汉枋

15—替木　16—平棊枋　17—压檐枋　18—明乳栿　19—半驼峰　20—素枋　21—四椽明栿　22—驼峰　23—平闇　24—草乳栿　25—角背　26—四椽草栿　27—平梁

28—托脚　29—叉手　30—脊槫　31—上平槫　32—中平槫　33—下平槫　34—椽　35—檐椽　36—飞子　37—望板　38—栱眼壁　39—牛脊枋

外槽　　　　内槽　　　　外槽

无之有用

中国的建筑是不用一颗钉子的！

这句话既说明了中国木结构建筑的独特之处，也说明了"金"在中国建筑中可有可无的地位。事实真的如此吗？这其实是一个误解，没有"金"，也就不可能有现在我们看到的中国建筑。中国建筑的木结构、石营造等之所以能出现如此丰富的造型，根本原因是锯、刨、凿、锉等金属工具的发展，"金"可以说是中国建筑营造的无名英雄。

金属材料没有被广泛地应用于建筑之上，最重要的原因是它的稀缺性。金属的冶炼，属于旧时的高科技，有较高的技术门槛，所以金属的应用不可能像相对易得的木、土、砖、石那样广泛使用，而是往往出现在起到关键作用的节点部位。就像一个古时军士身上的铠甲一样，总会在胸口、头部、手腕等脆弱的关键部位装有金属的防护。很多人了解青铜器、兵器方面的金属器物，而对建筑金属方面的知识知之甚少。金属独有的材料特质，使其不但是木、石材料加工时的英雄，而且对木、石材料起了保护加固作用，当作建筑的附属配件来完善建筑整体的形制和仪式感，又以装饰材料出现，美化了建筑内外装饰，充分地表现了金属的自身价值。早期建筑中的"金釭"，据推测是套在木材上的，而且一定是套在木材的端部或者转角结合的部位，端部露在外面比较容易受侵蚀腐烂，转角的地方受应力较大，用"釭"保护之，可以加强节点，延长木料的寿命，当然，也起到装饰的作用。历代建筑中的"金凤""金瓦"、铺首角叶、铁钉、铁箍、铁棒、锡背等构件及贴金、鎏金工艺等，基本上都只用在高级建筑，重点构造或装饰部位。可以说"金"是一种专注于"利"与"礼"的金，是一种不可代替的高级材料。

冶铁技术的进步，带动了木工工具的精细化发展，从而影响了从唐宋至清代的中国传统建筑模数及木材断面比例的变化，即材分制逐渐转向斗口制。材分制度与斗口制度的区别在于：材分制度关注的是材料本体，是构件高度；而斗口制度关注的是材料交接与节点宽度，对木材加工的精准度要求更高，木材加工精度的提升，完全得益于冶金技术所实现的工具进步。

"金曰从革"，在五行文化中有"收"或"杀"的意义，再加上冶炼金属时对环境资源的消耗以及更易锈蚀等不可持续性的特征，金属材料更多呈现出一种武器性而非容器性。即便是在金属冶炼工艺越来越成熟，金属材料已经逐步平民化的时候，依旧不会成为中国建筑材料的主要选择。也许是因为它的特性与中国建筑之道的生生不息有所背离，才是不被广泛应用的本质原因吧。

TIPS 可参照第 37 页、第 169 页与第 173 页，钟鼓楼与布达拉宫的金顶以及赵州桥的铁拉杆体现了"金"的珍贵而又独特的多功能用途。

金红纹饰面　木构件保持表面平整

用楔挤紧

圖像佛仙與鍾

斤千鑄

圖模鍾塑

受牛鑄油

法同鍾朝

水火有情

水火无情!

水与火可以说是人类文明生发的两个最重要的因素。但在中国建筑营造之中，水与火更多的是一种灾害。如果说中国建筑就是中国人，那么在危害这个人的健康的病害中，"水"与"火"无疑是最大的两种。可以说，以木建筑为主体的中国建筑，首要的目的就是防水与防火，但是，在这里我们恰恰要说的却是"水""火"的有情。

"水曰润下、火曰炎上"，水火既济，共同推动了人类的发展。众所周知，"水"是生命之源，而"火"是人类进化定居的决定性因素，我们可以认为，最早的屋子就是一个储存火种的容器。

"反者道之动，弱者道之用。天下万物生于有，有生于无。"①可以说像土、木、砖、瓦、石、金属等材料的"有"，无一不是生于水与火这两种材料的"无"。就像一个人的生命性征，本质是由吸收的能量（火），通过体液（水）运送至全身各处表现出的现象。于是，通过"水"，我们拥有了树木；通过火，我们开采了石头，冶炼出金属；经过水的混合，我们拥有了土坯，然后经过火的洗礼，我们拥有了红砖瓦，再经过水的沐浴，变红为灰；当有了火灾，水又成了灭火的最好选择，中国建筑也正是通过控制水与火这两种材料的平衡，使各种建材在其所处的位置发挥出最大的积极作用。

砖是最早的人工建筑材料之一，最早被广泛地运用于建筑的防水及易于磨损等部位，由于其经济性好，而又被加工成"刚好"被人力能及的形状与重量，在很大程度上成为石材的替代品，而且因为其抗压、防腐的特性，在建筑中，砖被用于墙体、地面、台基和拱券等重要的部位，还可以部分代替木材（如望砖）。瓦可以说是另一种形状的砖，因其防火防水的性能，成为屋面的主要材料。

砖瓦的大量使用，屋顶形态也发生了改变——出檐越来越短，屋顶的装饰也越来越丰富。明代开始对焦炭等高质量能源大规模利用，不仅使铁质工具得到快速发展，砖瓦制造工艺也越来越成熟，成本也大幅度降低，于是砖瓦成为最主要的建筑材料之一。由于砖瓦的成本降低、性能提高，硬山屋顶得以出现，墙变成了一个非常重要的建筑要素。民居中开始大量出现院墙与合院，城市界面也随之发生变化——宋代与明清不同版本的《清明上河图》中对建筑的描绘便是很好的证明。

天下的万物产生于看得见的有形质，有形质又产生于不可见的无形质。推动万物循环往复运动变化，如此生生不息、相生相克。也许这一切你都看不到，但是你需要知道的是，水火有情，共生相伴!

TIPS 可参照第 150 页、第 140 页与第 86 页，三坊七巷的马头墙、蔡氏古民居的红砖、平遥古城的高大砖作城墙与徽州民居的砖雕充分体现了砖瓦的多种可能。

---

① 《道德经》第四十章。

| 行什 | 斗牛 | 獬豸 | 狎鱼 | 狻猊 | 海马 | 天马 | 狮子 | 凤 | 龙 |

泥造砖坯

造瓦

砖瓦
济水
转釉
窑

仰望星空与脚踏实地

"石"作为一种自然的材料，并不在五行之中，却是人类文明起源的重要见证。跟人类的历史相比，石头的历史要久远得多，所以石头的故事也最为丰富。它是大地的时钟，是时间与空间合一的物质，完整反映着天地的演变，默默记录人类文明的进程。

同是石头，它可以是你仰望星空时，看到的一块女娲补天用的彩石，也可以是立于街头路口、一夫当关的石敢当；可以是君子手中温润的美玉，也可以是古墓中冰冷的石棺；可以是石窟寺中万人仰望的石佛，也可以是石建筑之下被万人脚踏的台基，也许是石佛经历了千锤万凿，而台阶只是叮叮几下。

"石"可大，可为"山"的意指，是"坚固稳定"的隐喻与象征；"石"可小，可为针砭珠环，伴人左右，在无常中谋求有定，以"石"性之刚补人力之柔。"石"常冰寒，亦可温润，为君子之美德。"石"也长伴生死，为人所倚，并以其性分礼天地六方，以达天、地、人合一共生。

正是基于石材形成的久远以及自身的"坚固""长久"的特性，石头这一古老的建材，从诞生的那一天起就一直伴随着人类的成长与发展，并在其中扮演着十分重要、不可或缺的角色。一方面，石头的物理和化学特性满足了人们对坚固性的要求，从坚固性能和防水性能来看，石优于砖，更优于土、木。所以最高等级的台基，一定会用石材。相较于其他材料，石材对自然界的恶劣条件有着较强的抗御性。所以，石材一般应用于室外环境易潮或易磨损的部位，如桥梁、踏步、窗台、阶条石、柱础等，同时，拱券结构的产生，也大大解放了对建筑的空间要求。

石材是一种不可再生的天然材料，分布呈现明显的区域性，在产石区或运输方便、经济发达的地区也被广泛运用。我国原始社会已出现用天然石块垒成的"石棚"。利用天然卵石来做柱础，在殷商之前亦早已应用。将岩石用作建筑材料，除天然状态石料的应用外，更进一步是对岩石的开采和加工。加工的主要工具是"凿"，因此在没有硬度较强的金属工具产生以前，大量的较精确的石材开采是不可能的。

从历史上的记载与现有实物来看，石材开采迅速发展时期应该在秦汉以后，这与冶铁技术有密切的关系。春秋战国之交，我国进入封建社会，铁工具的普遍使用为石材的开采和加工创造了有利条件，秦汉以后，石材较普遍应用于各类建筑上。隋唐时冶铁技术进步，铁工具增多，为石构建筑提供了有利的条件。如赵县安济桥（赵州桥）桥身凿有斜纹，十分细密，以加强石块之间的结合，在每道拱券的拱石间放置一对腰铁，从而使整个拱券形成一个坚实的整体。

"石"在中国建筑营造中是一种特殊的存在！它既可以是中国建筑的依靠，又可以成为人们精神的依托，既能仰望星空又可脚踏实地，只不过，也恰恰是这种没有"生死"的"有常"特性，却并不符合中华文明的生生不息的本质特征，所以必定不会成为中国建筑的主流，毕竟，在中国人的心中，"无常"才是世界的本来面目。

TIPS 可参照第 50 页与第 172 页，定陵地宫与赵州桥等石作工艺，充分反映出石在中国建筑中的高超技艺以及它特殊的用途。

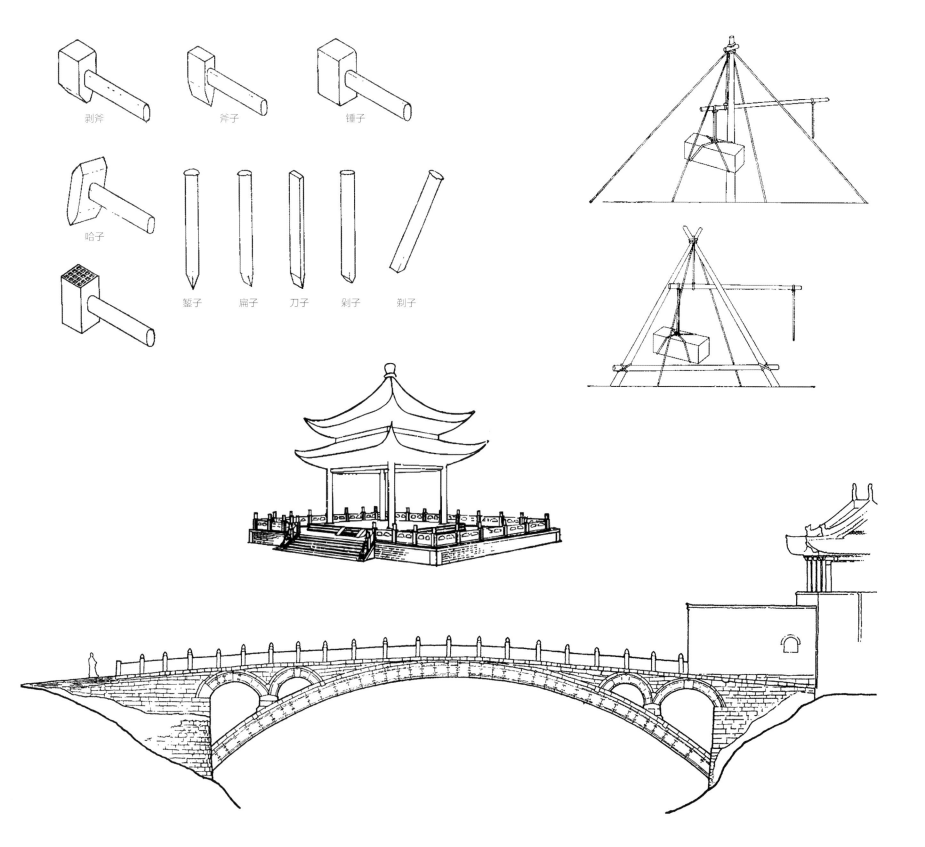

剥斧　斧子　锤子

哈子

錾子　扁子　刀子　剁子　剃子

空是一种材料

大家看这首诗词，不难发现词与词之间的空间，也就是诗词中所用各词之间并无前后关系，而是并置放在一起。但是作为中国人，却能自然而然地将各个词联系在一起，形成一个有意境的画面。这种词语之间的空间感塑造的意境，给了人无限的想象空间。中国的庭院就像是这种词语之间的留白空间，使人们在"礼"的秩序中，营造出了一种独特的自由。

生生不息的中国建筑之道，关注更多的是建筑材料要素之间的协作共生。所以，如何发现各材料要素之间共性联系，避免建材要素的冲突，有效发挥其优势，成为关键。《道德经》里有句话说"凿户牖以为室，当其无，有室之用。故有之以为利，无之以为用"。这句话除了通常的解释之外，也可以是另外的一个意思，即通过"空"这种材料的使用，将"有"建筑材料，联结到一个"无"的目标之上，由此巧妙地建立起各个材料之间的"缘分"，极大地增加了"容错性"，也就尽可能将各种可能的冲突消解于"空"之中。

一个院子就像是一个人的呼吸系统，长长的鼻道可以改善吸入的空气质量，避免因空气的寒冷、干燥、灰尘等对身体造成的伤害，而人体脏腑中的空，也恰是生命运行的空间所在。一个建筑群也是一个小社会，君臣父子在各自清晰实有的身份之外，通过院子的"空"缓解了礼带来的约束，人与自然、人与人、人与社会都通过这个"空"透了一口气，这种"空"成就了中国建筑最精彩、最具魅力的特色，更是中国一种了不起的生活智慧。

礼制规范下的模数化标准营造方式，我们看到的往往是"有"，是榫卯，是斗拱，是柱子，是一堵墙，是一间屋。我们忽略的是榫卯与斗拱之间的"缝"，柱子围墙之间围合的"间"，以及屋子之间的"院"。其实，这些"空"的使用，才是建筑趋利避害的关键所在。中国建统的基本单位，大多是一组或者多组的房子——"有"，围合成一个中心的院子——"空"而组织构成的建筑集群。以"空"为中心的建筑群组织方式，是发展成为中国建筑的主要形式的主要原因，是"空"这种材料，营造了一个人与自然、人与人之间的安全的过渡空间。

院子可以做出形状和大小不一的变化，通过这些变化就可以将内、外、主、从等关系表达出来。单座建筑采取了"标准化"，是一种规定的"有"，而院子则是一种相对自由无限的"空"，用"空"来引导"有"，也就消解了"有"的约束。中国建筑不过分追求建筑本身的高大独特，而是把精力专注在各建筑模块的"空"与"有"、"呼"与"吸"的有序组织之上。也许，故宫真正该为世界瞩目的，应是它所蕴含的一系列大大小小、变化无穷的呼吸空间，也就是通过"空"这种材料的巧妙运用，力求使整个紫禁城成为一个呼吸绵长、气运长久之地。

即便在具体的营造技术上，"空"这种材料也发挥了重要的作用。比如中国建筑的木构架，由于木材具有的特性，构成了一个富有弹性的结构框架，由此构架的结构所用斗拱和榫卯都有若干伸缩余地，从而在一定限度内可减少由地震对这种构架引起的危害。"墙倒屋不塌"就形象地表达了这种结构的特点，"空"的作用功不可没。

人们所有的养生之道，基本都是从呼吸调理开始的。当我们步入现代化的生产空间时，信息时代的时空压缩使我们呼吸紧张，将我们身体的自然机能和原本的自我割裂。庭院的记忆不只是对大自然的回忆，还是对原有家族秩序与宗族血亲的感知，更多的是对身体自然状态的怀念。当代的建筑营造，核心应该是复苏身体的感知和表现力，在一张一弛，一呼一吸里，建筑才能成为身体与精神的生命共同体。

TIPS　可参照第 21 页、第 89 页与第 99 页，故宫博物院、王家大院与拙政园的空。

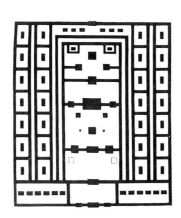

唐代律宗寺院（据《戒坛图经》所绘）

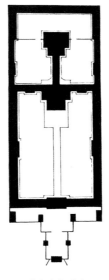

北京市东岳庙

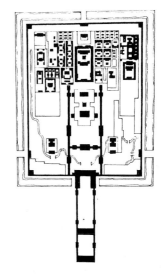

北京市故宫

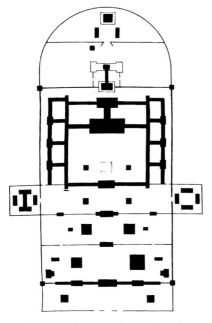

山西荣河县后土祠（据金代碑刻所绘）

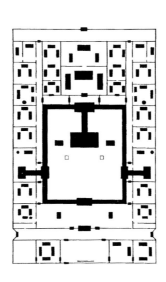

山西太原市崇善寺（据寺藏明代寺庙图所绘）

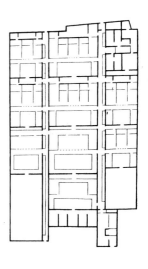

江苏苏州市陈宅

陕西西安市汉礼制建筑

陕西兴平市汉茂陵

宋书《金明池图》中圆形水殿

北京市天坛圜丘

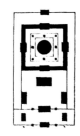

河北承德市普乐寺

筑
艺

建
之

大巧若拙的明白人

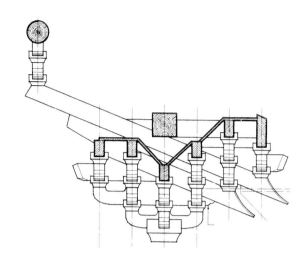

甲骨文的"艺"字，描绘的是一个跪在地上的人，正在种一株植物的形态。"艺"的本意是"一个人"如何料理"一个物"的过程，反映的是"人"造"物"的情形。有句俗话说"巧妇难为无米之炊"，说明了"材"的重要性，但还有句更广为人知的话说"治大国若烹小鲜"，由此句话可以看出尽管"天时""地气""材美"是制作一种好物品的客观条件，而"工有巧"才是其决定性的"主观"条件。中国画中的"墨分五色"，更是充分说明了画家对水、墨两种简单材料巧妙之至的调和艺术。可以说，中国的建筑之艺，主要聚焦在"人"的"巧"上！

据说鲁班曾用竹木做了一只鸟，能在天上飞翔三日而不落地，鲁班自以为很"巧"。墨子则对鲁班说："你做木头鸟不如我做车栓，随便雕镂三寸的木头便可以装载五十石的重量，这才是真正的'巧'。"对人有用才是"巧"，没有用就是"拙"。

孔子说："志于道，据于德，依于仁，游于艺。"这里的"艺"指的是文人的六种技艺，由"六艺"延伸出的"艺术"，是基于技术的精神化需求。而我们这里说的建筑之艺，指的不只是技术和艺术两层含义，再者还有艺术之上的"大"艺——"巧"法自然，也就是以顺应的姿态，以最小的代价，巧妙地解决问题的智慧。

中国的建筑之艺，大致可以分为两个方面。一方面，建筑"物"方面的设计和创作，包括结构、构造和各种装饰。这种"物"的设计一般视为"工匠"们的工作，很多时候都不被认为是创作的重点，而只不过是一种手段，是用来表达"内容"的工具。另一方面，"艺术"的创作，包括由布局而形成的一系列景象的组织和安排，由此按次序将意念传达给建筑观赏者，这就不完全是"物"的创作了，而是由"形"转化为"神"的一个过程。古代对建筑艺术的要求，并不是只希望构成一种静止的"现象"，而是希望构建一系列运动中的"境界"。"境界"出现的方式和次序是要有缜密的安排的，它们的组织正如一切艺术品的组织一样——起、承、转、合，由平淡而至高潮等都在考虑之列。创作的成败很多时候决定于"境界"出现的序列。中国建筑之艺是一种"四维"至"五维"的系统形象，时间和运动都是决定的因素，静止的"三维"体形远不是中国建筑之艺要求的最终目的。

由此，建筑之艺的巧，不只是《营造法式》里的各种"作"体现工匠的"术"之"巧"，还包括礼制化、模件化营造以及空间组织等社会秩序的"法"之"巧"，更为主要的是生生不息的"道"之"巧"。也就是说，我们不但要发现中国建筑中的技术与艺术的"巧"，还要能发现中国建筑的思想学问之"巧"！

从"卖油翁"到"庖丁解牛"

中国建筑就是中国人，中国的建筑之艺，正是基于中国人日积月累的技艺与智慧。生生不息的建筑之道，催生了"水滴石穿"的匠人精神，而"轮扁斫轮"①的故事，表达了高妙的东西的不可言传性，进一步强调了直接经验的重要性。

"卖油翁"的打油技艺，展示出"熟"能生巧的技艺特征；学射箭的"纪昌"，则展示出身体修炼的重要；解牛的"庖丁"展示出的"游刃有余"，除了展示与卖油翁与纪昌的相同境界的技能与方法之外，更进一步传达出，人只有掌握真正的自然规律，才能从表象的必然中解放出来，达到由"技"至"道"的超然境界。

中国建筑之艺的"术"之巧，首先表现在对建筑材料的"知材善用"之上，也就是针对不同的营造需求，巧妙地发挥建材的优势特性，避免建材的弱势特性。例如，土材以及经人为加工而成的砖与瓦，适合做墙、顶等发挥维护功能；石材适合用于建筑的基础和柱子基础；木材特有的韧性、易加工等特点，适合充当房屋的结构材料并能快速地搭建；金属材料尽管性能优良，但因造价高、资源少而主要用于装饰关键的结构部位。于是，在具体的营造活动中，中国人会因地因人而异，将好的材料用在房屋重要的结构部位，将稀少贵重的材料用在显要的部位，并有效地循环利用旧有的建筑材料，还能"紧着料子做"，变废为宝地发挥劣材、碎材的优点。诸如福建沿海地区就有用牡蛎壳做墙的建筑习俗，而山东有些山区的民居建筑木构架，常巧妙地用弯木梁，从而发挥其预应力混凝土梁的特性，从而形成"有钱难买弯砣"以及"弯梁比平梁有劲"的说法。

中国建筑之艺的"术"之巧，还体现在建筑结构的巧之上，也就是合理地利用材料的力学特征，巧妙地规避诸如温差、潮湿、地震、水火等灾害的破坏。例如，以自制的"丈杆"去控制各个木构件的长度与尺寸，使整体木结构都尽可能处于"同呼吸，共命运"的伸缩状态；控制柱子的"生起"与"侧脚"，使

得整个建筑结构像一张两边高、中间低、四根腿的上端向内倾斜的桌子，很好地增强了建筑的稳定性；巧妙营造屋顶的曲线，使之利于排水与瓦的安装；通过加大屋檐的尺度，使"上出"大于"下出"，也就是要保证伸出的屋檐大于地面的台基，以保护土墙与木柱柱脚的受潮腐烂。

中国建筑之艺的"术"之巧，还表现在建材加工的工具之上，"工欲善其事，必先利其器！"通过工具的改良，更好地发挥材料的优势。随着人们对火的使用逐渐娴熟，人类社会从石器时代经过青铜时代再进入早期的铁器时代，工具方面获得了长足发展，比如从石斧、石锛到铁斧、铁锛的变化再到刨子与锯的发明。人们砍伐木材的效率提高，同时加工木材的精度也有了进步。于是，榫卯才能取代绑扎，成为木结构建筑中最为常见而方便的构造形式。

有句话说得好，好的食材不需要复杂的烹饪工艺，但如何发现好的食材，发挥材料的特性，并能将材料进行巧妙的搭配，才是一门真正高超的技艺，毕竟"千里马易得，而伯乐难寻"！

TIPS　可参照第 144 页、第 120 页与第 123 页，泉州文庙"出砖入石"的知材善用、呈坎村宝纶阁与汪口村俞氏宗祠的精湛木雕技艺，以及第 70 页的晋祠圣母殿的"生起"与"侧脚"。

⊖　引自《庄子·天道》。

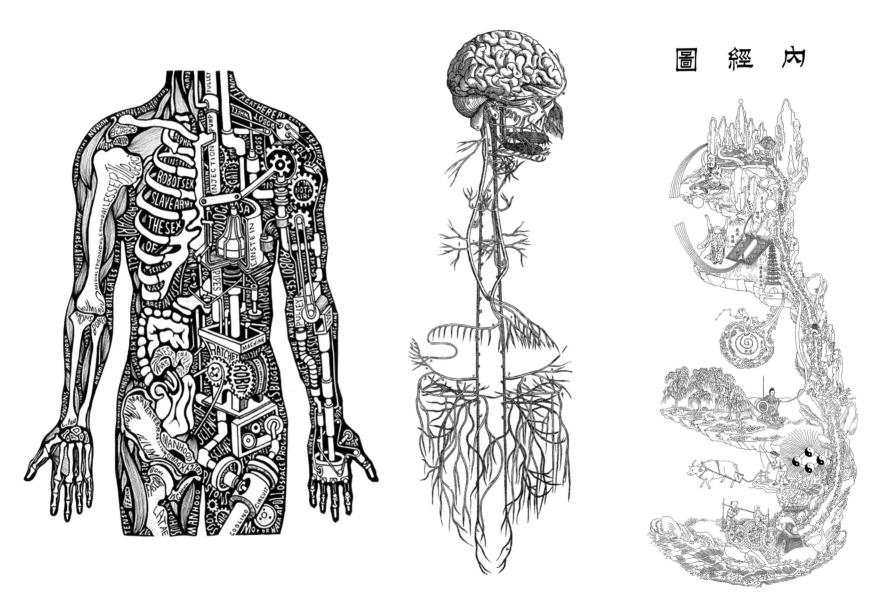

从实体、神经到意念，技艺的高低源于看待世界的不同层次与境界，空胜于有！

"多快好省"的秘密

传说，在北宋的都城汴梁，有一个著名的木匠名叫"燕用"，他负责制作汴梁宫苑中的门窗等木作。每当一件木作完工后，他都会刻上自己的姓名，以示对自己技艺的自信与责任。有趣的是，后来金人破汴梁，把这些刻有"燕用"的门、窗、隔扇、屏风等搬到"燕京"（也就是今天的今北京），用于新建的燕京宫殿中，十分合适，以至于后来流传一句俗语："用之于燕，名已先兆！"木匠在自己的作品上签名，竟成了一种预言！其实，"用之于燕"的何止是一些门、窗、隔扇、屏风，据说宋徽宗赵佶"竭天下之富"营建汴梁宫苑，都被金人"输来燕幽"。由此可知，中国传统的木结构是可以"搬家"的。今天在北京陶然亭公园，湖岸山坡上挺秀别致的叠韵楼，就是从中南海搬去的。兴建三门峡水库的时候，也把水库淹没区内的元朝建造的道观——永乐宫组群，由山西芮城县永乐镇搬到二三十千米外的龙泉村附近。为什么千百年来，我们可以随意把一座座殿堂楼阁搬来搬去呢？用今天的术语来解释，就是因为中国的传统木结构可以说是最早的装配式建筑，特点是"标准设计，预制构件，装配式施工"。因此，只要把那些装配起来的标准预制构件——柱、梁、枋、檩、门、窗、隔扇等拆卸开来，搬到另一个地方，重新再装配起来，房屋就"搬家"了。

构件可以大量预制，并且能以不同的组合方式迅速装配在一起，从而用有限的常备构件创造出变化无穷的单元，这些构件就是"模块"，由此形成了"模块化"的生产体系。中国古建的"模块化"充分体现了中国建筑之艺的"法"之巧，关键是中国建筑基于木材以及由此而生的梁柱建筑体系，这种结构体系历经数千年的考验，形成了一套十分成熟的标准化营造系统。

中国传统建筑的模块化体系分为五个层级的标准。每个层级都有较明确的组合法则，古代的匠人们就在共同的法则之下，在每个不同的尺度层级之上进行预制、拼装、组合，从而完成建筑的设计和生产工作。中国古建通过模块化实现了"礼"的转译，成为中国礼制化最有力的体现，同时"多、快、好、省"地保证了中国古建这个物种生存的优势。除了中国古建，诸如青铜器、兵马俑、瓷器数量庞大的艺术品俱是模块化生产的产物，甚至包括我们的汉字，都得力于中国以模块化的零件组装物品的生产体系。

第二次世界大战以后，百废待兴，广大人民急需一个容身之所。著名的第一代现代主义大师柯布西耶，就像一个新时代的"燕用"，以"模块化"的设计建造理念迎来了自己职业的春天。我们无从考证他是不是从中国了不起的古老智慧中汲取了营养，或者只是大师的灵光乍现，但是，不可否认的是"模块化"理念对于现代建筑营造乃至社会生产具有重要意义。

就如之前所说的四根柱子一间屋为一个基本营造单元，可根据"单元复加"的原则策略，沿水平方向复加组合可由单体形成院落群体；沿垂直方向复加组合则成为楼、阁、塔。"单元复加的原则"就是模块化的一个具体的应用方法，与现代主义建筑的建设原则可谓殊途同归，很多现代主义的建筑形式从这种纯粹的单元复加原则中诞生。单元复加原则具有很强的灵活性，以单元复加原则为基础，人们不仅可以满足设计和规划方面的要求，而且也可以满足扩建和调整的要求，即使各地的建造条件各有不同，但使用相同的组合构件也可以因地制宜地构建出不同的建筑形式。

在上面的故事中，我们不难看出中国建筑之艺的"法"之巧：首先是模块化带来的结构标准化和模数化，可以预先制作各种构件运送至工地，或将已有建筑成批拆运，实现易地重建，并可以通过系统严密的施工组织发挥极大的效率；其次是几乎不会浪费原材料，大材损耗即可截为小材，加以重新应用，由此非常便于计算材料及预制构件，经济预算得到保障，而且保证了建筑在一定的质量标准下完成；再者是以平面向四周延展的布局方式，工作面大有利于多点同时营造，可以多座房屋同时施工，标准构件亦可随时替换及翻新，所以速度自然很快；最后是适应性强，用途广泛，也就是说能够满足多种功能，并可通过组合来适应各种各样的气候条件。

○ 第一个层级：斗拱，可以大量预制的最小元素。第二个层级：间，在正立面中，相邻构架立柱之间的一跨便是间，在平面图中，开间是由四根柱子围合而成的矩形，这种骨骼支架称为间架结构。第三个层级：建筑单体，建于台基之上的一个对称的长方形构架，由坡屋顶覆盖而成。第四个层级：院落，标准样式的院落四面都有建筑物，如左右对称且四周环以围墙，则称作四合院。第五个层级：组群，木结构建筑的巨大规模，并不仅靠单体建筑的体量来解决，而是以组群的形式出现，主次分明的建筑组群既可减少由庞大的单体建筑所带来的技术上的复杂性，又可解决大规模建筑包含的多种功能需求。——《万物》

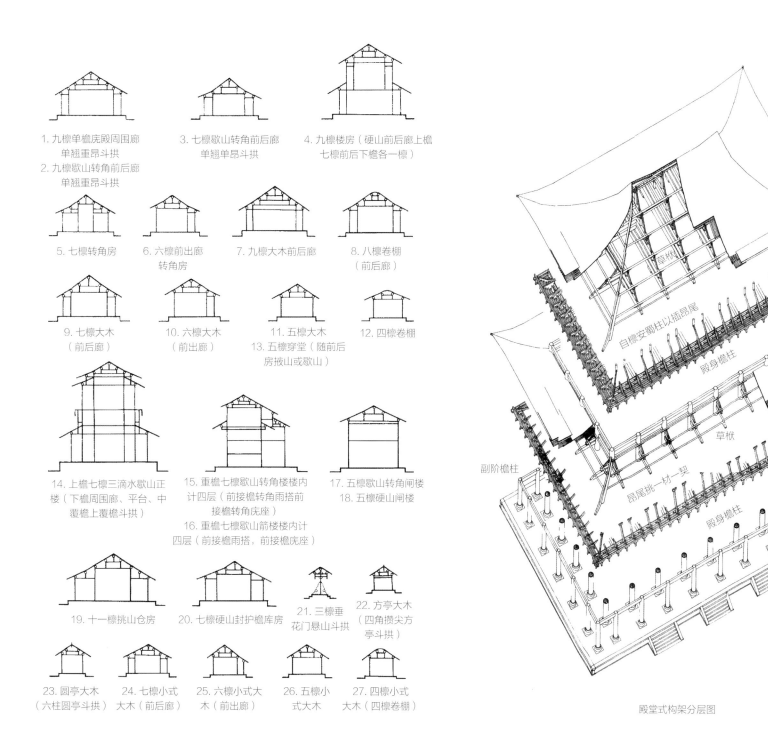

1. 九檩单檐庑殿周围廊
单翘重昂斗拱

2. 九檩歇山转角前后廊
单翘重昂斗拱

3. 七檩歇山转角前后廊
单翘单昂斗拱

4. 九檩楼房（硬山前后廊上檐
七檩前后下檐各一檩）

5. 七檩转角房

6. 六檩前出廊
转角房

7. 九檩大木前后廊

8. 八檩卷棚
（前后廊）

9. 七檩大木
（前后廊）

10. 六檩大木
（前出廊）

11. 五檩大木
13. 五檩穿堂（随前后
房披山或歇山）

12. 四檩卷棚

14. 上檐七檩三滴水歇山正
楼（下檐周围廊、平台、中
覆檐上覆檐斗拱）

15. 重檐七檩歇山转角楼楼内
计四层（前接檐转角雨搭前
接檐转角庑座）

16. 重檐七檩歇山箭楼楼内计
四层（前接檐雨搭，前接檐庑座）

17. 五檩歇山转角闸楼

18. 五檩硬山闸楼

19. 十一檩挑山仓房

20. 七檩硬山封护檐库房

21. 三檩垂
花门悬山斗拱

22. 方亭大木
（四角攒尖方
亭斗拱）

23. 圆亭大木
（六柱圆亭斗拱）

24. 七檩小式
大木（前后廊）

25. 六檩小式大
木（前出廊）

26. 五檩小
式大木

27. 四檩小式
大木（四檩卷棚）

草栿

殿身外檐铺作形成闭合

白檩安蜀柱以插昂尾

殿身檐柱

草栿

副阶檐柱

昂尾挑一枋一契

副阶铺作形成闭合木框

殿身檐柱

殿堂式构架分层图

TIPS 可参照第 83 页，现在的永乐宫是整体搬迁而成。

不要被"弓箭"射到

君子不立危墙之下！

诸多营造技艺，只能保证建筑本体相对坚固。若想使建筑久存，需要从更为宏观的角度去展现中国建筑之艺的"法"之巧。所有合理技术均需要建立在合适的场地条件上才能发挥出应有的作用，从而更有利于延长建筑的寿命。

我们这里所说的"弓"，指的是一条河流弯曲的形状；而"箭"，则是指流动的河水。以河为界，就有了所谓"弓背"之地与"弓腹"之地。中国文明是一个由大河催生的文明，河流的周期性泛滥经常冲积河流的"弓背之地"，也就是河流的外弯之处。《水龙经》曰："一水湾环抱，此地多财宝。"这就是形容河流凸岸处也就是"弓腹"之地欣欣向荣和农民积聚财富的象征。

这个道理说来也简单，那就是当河水转弯时，凹岸一侧水的回转半径大于凸岸一侧，再加上水流的物理惯性，就像河流不断地向凹岸射出一道道水"箭"，造成了凹岸的水土流失。凸岸这一侧因为流速慢，泥沙逐渐在这一侧固积，天长日久形成了新的土地，土质相对疏松而且富有大量养分，极其适合耕种与农作物的生长。

相对于弓背之地的河流对岸，被称为"汭"位，从字形上看也不难理解，指的就是河流汇合或者弯曲之处的弓腹之地。与河流凹岸经常泛滥的弓背之地不同的是，此地地形入水非常平缓，地基较为稳定，可以说是理想的宅基地，人们往往美其名为"玉带缠腰"。"汭"位不但耕地资源丰富，而且往往背靠高地大山，渔猎资源丰富，又有三面环水而形成的天然护城河，安全性很高，再辅以水路交通便利，利于商贸交流，由此成为人们安居乐业的理想之地。这种顺应自然规律的人居环境模式经过了数千年时间的逐步验证，在中华民族的潜意识里已经深入人心，挥之不去，由此成为我们中国古建选址的智慧法则，充分展示出中国建筑之艺的"法"之巧！

河流有大有小，"汭"位也有大有小，由冲积而来的耕地也会有大有小，这一系列的自然条件也就决定了人口的数量以及人居环境的基本规模。小到一个村落的选址，大到一个城市的规划，先要条件是找到一个能够与之相适应的"汭"位。假设我们不遵守"择位于汭"的智慧法则，而是仅以个人的经验来选择村宅基地，误将弓背之地作为营造的宅之基地，未建就已经处于营造的必败之地，即便有再好的材料和工艺，也会随时间推移不断被"弓箭"射中，面临洪水冲击、地基塌陷、人为灾祸等各类生存的危机。

TIPS 可参照第 161 页，阆中古城的选址充分体现了"择位于汭"的智慧法则。

最佳城址选择

1—祖山　2—少祖山　3—主山　4—青龙　5—白虎　6—护山
7—案山　8—朝山　9—水口山　10—龙脉　11—龙穴

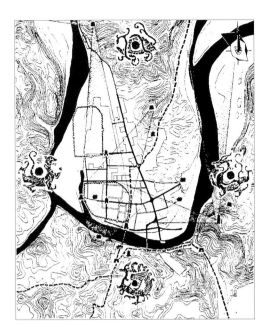

阆中古城"择位于汭"的城址选择与布局

最佳村址选择

游走的世界

当我们观看《千里江山图》或者《清明上河图》等中国画长卷的时候，就会发现与在美术馆里看画的方式有很大的不一样。一张十几米长、半米左右高的《千里江山图》，远观则会失去细节，而近观则无法看清全貌，所以，根据人的身体特征，会自然而然地形成一种边走边看的观赏方式。其实，中国画长卷本是一种旧时书房或文化雅集的个人或三五好友的小范围手把之物，有点接近于今天的微信朋友圈，所以，中国画长卷的绘制与观看，最主要的是要满足类似手机一样的便携与方便等特征。

由于画面过长，中国画长卷绘制时往往需要从局部开始，因此需要艺术家对画面的构图以及前后画面的衔接做到胸有成竹，由此创造了一种适合局部绘制与观看的散点透视法。也就是说，中国画长卷的面貌不是一目了然的所见即所得，而是需要人通过自己的身体移动观看并在自己脑海中进行印象拼接所得，它更像是一部电影而非图片摄影。作品完成后，平时也并非展开挂在墙上，而是只有在把玩欣赏时，才会从盒中取出置于并不长的桌案之上，由此形成了边展边合的欣赏方式。

"笼天地于形内，借万物于笔端"，一幅长卷看似是风景，实为艺术家关照自然造化后的"心像"表现，而非自然界具体景色的真实写照，是中国人心中的理想世界。看一幅中国画长卷，实为观者与造物者的身心同游、山河同游、思想同游，构成了中国人从心所欲不逾矩的逍遥精神世界。

中国画是中国人理想世界的物化，而中国建筑与中国人又是一体的，所以，中国的建筑营造就必然受到中国画中理想世界的影响。因此，在居住的基本功能满足之后，在以"空"这种材料构建的庭院环境之上，"园林"这种身心合一、追求精神性世界需求的环境艺术，就成为一种必然的需要。规划整齐、左右对称虽然一方面是"轴线合院式"的标准形式，但同时也会因地制宜的产生很多自由灵活的空间组合，由此，中国建筑呈现出两种不同的人工环境：一种是表现得极为理性，完全由人工形状构成的环境，另一种就是即使由人工得来却仍然以天然的景象而出现的构图。

空间布局的节奏与次序，是中国古典建筑设计艺术的灵魂，由此控制人在建筑群中游走时的空间感受、景象节奏、次序强弱，成为审美意念表达的主要手法。就如前章所述，礼制之下的中国建筑营造，主要以中轴的确立为中心展开，其布局秩序均为左右对称分立；反观园林，则以自由随意之变化为上，追求"疏密得宜，曲折尽致，眼前有景"。此两种传统之平面布局，在不觉中，蕴含中国精神生活之各面，至为深刻。

也许，正是源于曾在苏州四大名园之一——狮子林中的生活经历，现代主义建筑大师贝聿铭在学生时期就致力于寻找一种地方性、民族性的表达，而不再是依靠中国建筑的形式符号和题材。他的老师，现代主义建筑教育的奠基人格罗皮乌斯对贝聿铭的设计探索，可以说是从不理解、不欣赏到大加赞誉："清楚地证明了一位有才华的设计师，完全可以在不用牺牲一个先进的设计理念的前提下，依然很好地抓住一些基本的传统特征，这些传统特征，贝聿铭通过自己的方式使它们持续存活着。"由此，从苏州园林到天下建筑，建筑大师贝聿铭以一种能真正地表达中国的现代性建筑风格走向了世界！

TIPS　可参照第 99 页、第 103 页与第 107 页，拙政园、留园与狮子林等园林里的理想世界。

一　童寯《江南园林志》造园三境界。

千篇一律与千变万化

国外有个新闻说，有个妈妈办了一个摄影展，引起了大众的关注。其实摄影展的主题很平常，就是这个妈妈拍下的自己孩子的日常生活点滴，其摄影技术也无任何特色之处，但是却吸引了很多人的观看评论。这系列图像的价值，在于从孩子出生开始，妈妈每天为他拍一张照片，直到孩子成年，一天都没错过。尽管每张照片都是那么普通，但成千上万张照片串联组合在一起，却引发了十分震撼的观感。这场摄影展产生的"整体"超越"部分"的效果，就是一种名为"涌现"的效应。自然界中处处可见"涌现"效应的现象，蜜蜂群、蚂蚁群、海中的鱼群、天上的鸟群，也包括我们人类自己，处处体现出"涌现"效应的力量，这是一种典型的群体性胜利。产生涌现效应最大的秘密就是：个体并不重要，个体与个体之间发生的连接和相互作用才最重要。就像一个蚁群里的蚂蚁个体一样，看上去每只蚂蚁都大同小异，但是一群蚂蚁通过系列简单行为构成的整体，却显示出了不起的智慧。

基于礼制的模块化标准营造体系，不可避免地会造成千篇一律的视觉形象，尤其是在外国人或者现代人的眼中，中国古代建筑看上去是千篇一律的。尽管在地理空间上或有差异，但是从时间上来看，上至汉唐近至清代，主流建筑的形态几乎大同小异。这说明当工程运作发展到完全制度化的阶段时，建筑终于要面对着"过分标准化"的危机。图片影像是无趣甚至是僵化不前的，远没有西方建筑尤其文艺复兴至现代主义这段时期建筑风格的变化多端。然而，也正因为"过分标准化"这种牵制，清代建筑开始由独立的"标准单体空间"走向组合的"群体院落空间"的灵活组织发挥上。

除了诸如礼制等外部的系统联结方式，系统还会按照相互默契的某种规则，各尽其责、协同而自动地形成有序结构，从而形成一种自组织。自组织结构是指系统自动地从无序走向有序，从简单走向复杂，从低级走向高级，甚至具有了自我生长、学习、反馈、进化、更新的能力。一只只的蚂蚁是一个个的个体，没有智慧，但这些个体的行为却导致了群体的行为，形成了蚁群的智慧。蚁群不是个体蚂蚁的简单相加，而是另一个智能体。在这一点上来说，千篇一律的中国古建开始涌现出另一个了不起的特色，那就是千变万化。

西方的建筑艺术观念中，比较着重于静止美的创造；中国建筑之艺重视的则是运动美的艺术。当一个人在一个轴线合院式建筑群体中游走，在视觉上就会产生一连串不同的印象，从一个封闭的空间走向另一个封闭的空间时，景物就会完全变换从而在脑海中形成一个完整的动观组景，如同一部文学作品那样，一章一节地慢慢展开；也像一部戏剧，一幕一幕的陆续上演；更像一个交响乐，一个乐章接一个乐章地相继而来。

中国建筑看似千篇一律的院落式的群组布局，也反映出一种了不起的自组织特点。较为重要建筑都在庭院之内，很少能从外部一览无遗。建筑越是重要，作为前奏的院落越多，高潮在人们的行进中层层展开，引起人们可望而不可即的期盼心理。这样，当主体建筑最终展现在眼前时，朝拜者情绪的激动和兴奋也已不可抑制。这种由阻隔造成的距离之感，在宫廷中偏重于威慑，到园林中则转化为一种自由的丰富，由此实现了秩序与自由的平衡，蕴涵了一种了不起的

历代木构殿堂外观演变图

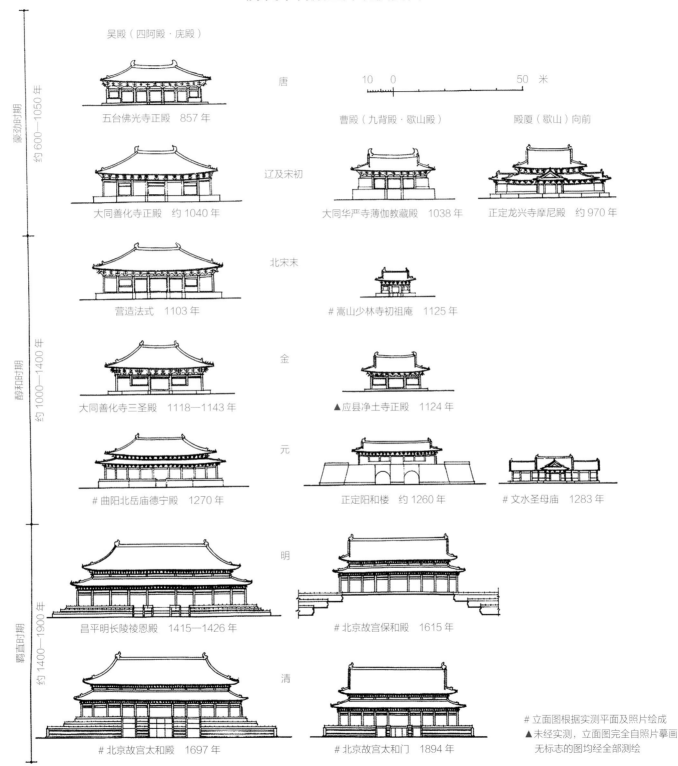

吴殿（四阿殿·庑殿）

唐

五台佛光寺正殿 857 年

10 0   50 米

辽及宋初

曹殿（九背殿·歇山殿）   殿厦（歇山）向前

大同善化寺正殿 约 1040 年

大同华严寺薄伽教藏殿 1038 年   正定龙兴寺摩尼殿 约 970 年

北宋末

营造法式 1103 年

嵩山少林寺初祖庵 1125 年

金

大同善化寺三圣殿 1118—1143 年

▲ 应县净土寺正殿 1124 年

元

曲阳北岳庙德宁殿 1270 年

正定阳和楼 约 1260 年

文水圣母庙 1283 年

明

昌平明长陵裬恩殿 1415—1426 年

北京故宫保和殿 1615 年

清

北京故宫太和殿 1697 年

北京故宫太和门 1894 年

豪劲时期 约 600—1050 年

醇和时期 约 1000—1400 年

羁直时期 约 1400—1900 年

立面图根据实测平面及照片绘成
▲ 未经实测，立面图完全自照片摹画
无标志的图均经全部测绘

内涵意义。一座中国建筑，一个中国人，一场自由有序的行走，在"千篇一律"的层层庭院围合中，涌现出了"千变万化"的心灵图景。

北京的故宫、天坛、颐和园、圆明园等宏伟瑰丽的组群，就是按照这"千篇一律"的"做法"完成的，但是却取得了其"千变万化"的空间艺术效果。最有说服力的就是北京的故宫。整个故宫，它的每一个组群，每一个殿、阁、廊、门全部按照明清两朝工部的"工程做法"的模块标准化营造，不但统一规格、统一形式建造，连彩画、雕饰也尽如此，我们完全可以说它们是"千篇一律"的。但是，如果你置身其中，则会感觉到如同置身于一部精彩的戏剧之中，剧情画面随观者的身体游走而陆续展开，一步一景，千变万化。空间与时间，重复与变化，在北京故宫中实现了最佳的融合，似乎形成了一种"重复的震动"。每次人们设身处地地游走，都是重复了一段不可重复的景象，涌现出了"不在一物之大，而在一群之美"的建筑之艺，再次验证了中国古建的"人本性"特征，也再一次诠释了群体性涌现效应的营造智慧。

我们最近一次谈论某种建筑形式的千篇一律，还是在 20 世纪"现代主义建筑潮流"的末期形成的"国际式风格"。这种以机器代替人力的机械复制时代，造成了全球"千篇一律"的建筑与城市风貌，从而引起了社会性的集体反思。

其实，这两个"千篇一律"是有很大不同的。作为另一种"人"，中国古建很好地体现了物种进化的规律。它在一个较长的时段内，小心翼翼地保持自己的基因优势，通过一个系统性的整体而非独特的个体来维系着与自然的同频共

振。因此，这个"千篇一律"只是"系统"稳定的一种表现，只有系统稳定才能延续物竞天择的优势基因，从而保证自然选择的适时发生。

一种正常的物种进化的时间是非常长的，远超人的生命周期，国际式的"千篇一律"就像一种强力干扰下的基因突变，带来的可能是一种非优质基因，虽然短时间内会获得个体性的显效，但随着时间的推移，这种基因突变带来的却是一种不可持续的非生命性改变，是一种资本推动下"异化"的"千篇一律"，将会给整个人类的自然生存带来巨大的伤害。由此，我们也就自然地得出：百年的现代建筑，还将在未来面临巨大的试错成本。而与现代建筑相比，中国建筑生生不息的特征，则是中华民族历经数千年试错的智慧经验成果，才应该重新被正视与研究，也许从中能够发掘出人类未来建筑的发展方向！

TIPS 可参照第 21 页、第 31 页与第 55 页，故宫博物院、颐和园与北京四合院千变万化的空间组合方式。

○ 重复就是以某种方式去行动，但是其与那些独一无二的独特之物有关，这些独特之物不可能与其他物相等同。或许这种重复，出于自身的立场，在外在行动的水平上，对一种隐秘激发了这种重复的震动做出回应。说得更深入些，这是一种在独特之物之内的内在重复。这显然是一个悖论：其重复了一个"不可重复的东西"。——德勒兹《重复与差异》

⊜ 马克思描述的异化（Entfremdung）是指原本自然互属或和谐的两物彼此分离甚至互相对立。异化一词最重要的用法是表示人与其"类本质"（Gattungswesen）的异化。

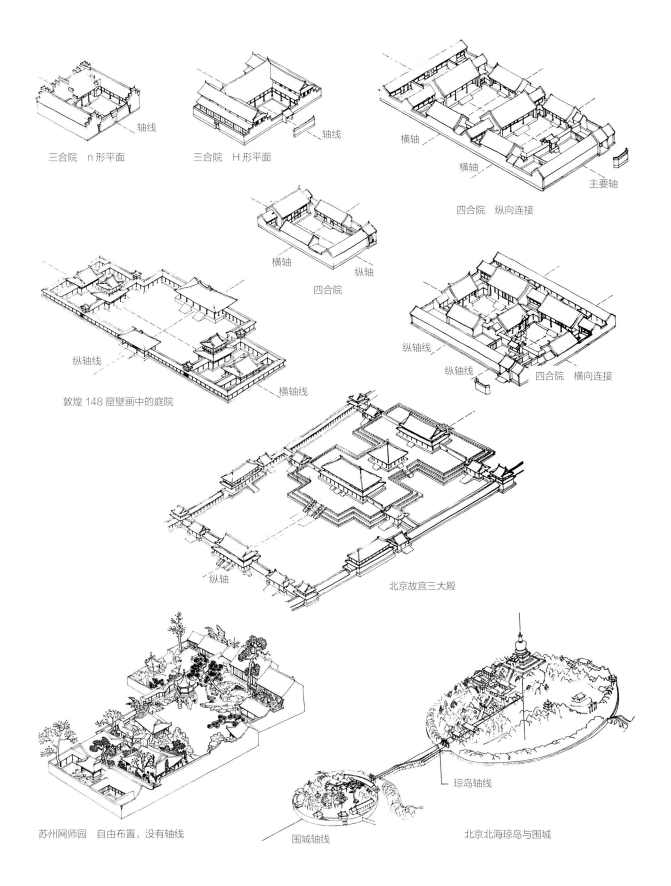

三合院 n 形平面

轴线

三合院 H 形平面

轴线

横轴

横轴

主要轴

四合院 纵向连接

横轴

纵轴

四合院

纵轴线

横轴线

敦煌 148 窟壁画中的庭院

纵轴线

纵轴线

四合院 横向连接

纵轴

北京故宫三大殿

苏州网师园 自由布置，没有轴线

琼岛轴线

围城轴线

北京北海琼岛与围城

后
记

AFTERWORD

随着生产力的发展，地球上几乎没有不能定居的地方了，传统的营造方式逐渐被抛弃。随着人口的增长，人们不得不离开大地与天空，居于空中楼阁之中。如今，当我们普通人在谈论中国传统建筑时，我们到底在谈论什么呢？我们应该谈的是一种智慧！

一个人了不起，往往是在他盖棺定论之时，也就是他肉体消亡之时，并且随时间的推移越发凸显。一种建筑形式终究会被替代，就像一个人终究会死去，了不起归根到底只是一种看法，而看法是主观的、可变的，中国建筑之道的生生不息，关键是看所谓"永恒"指的是什么。是不变的永恒，还是永恒的常变？

所以，中国建筑的了不起之处，一定不要看它物质表象，而是要穿透性地凝视，思考到底是什么让中华文明历久弥新。

我不是古建专家，却也由此拥有了另一种视角。在心怀敬意的研习了梁思成、刘敦桢、李允鉌、侯幼彬等诸位先生的著作以及百余部优秀的传统营造典籍之后，意识到中国建筑想要在新的时代焕发活力，而非束之高阁，必须要与我们当下的日常生活连接，才能有效地延续中国建筑的"了不起"，这也是这本书写作的价值与意义！

知识可以传授，智慧不能传授，唯有在觉悟中得到，知识只能让我们获得外在的东西，而智慧却能让我们获得内在的平静，知识是需要不断更新、与时俱进的，而智慧则是穿越时空、突破"时间"这个人为概念的！所以，谈论中国建筑，其实不是在谈论知识而是在谈论一种智慧，一种能够幸福生活的智慧，一种持续至今、被最长时间检验过的智慧，一种生生不息、走向未来的智慧！

这本书力求打造一个突破传统古建书籍的二维博物馆，让人们了解到中国建筑的了不起之处：

建筑之道——生生不息。

建筑之形——不变之变。

建筑之器——朴散为器。

建筑之材——材尽其用。

建筑之艺——大巧若拙。

通过上述"道、形、器、材、艺"五字联结的综合视角，重新凝视我们传统文化的容器——中国建筑，实现从"是什么"到"为什么"的视角转换，从整个人类的视角，能够平和审视文明的本质，回归人的本体，从天、地、人、事四个维度，对中国传统文化来一次新角度的知识考古。就像一位现代主义建筑大师所说，人类并不需要第五交响乐，直到贝多芬把它创作出来，人们才发现，我们的心灵、人类的精神生活从此再不能没有它。

当你看完这本书，也许我们就能回答之前的那个文化保存的问题，除了"刻在石头上"的文明成果，最好的一种人类的文明成果的留存形式应该是"活在人身上"。只有把目光重新转回到人的身上，随着人类推动能够自然而然地生生不息，文明才可能成为一个活体存在，而不会成为石头上的信息，那只不过是人类的墓碑。

读书就像在照一面镜子，通过阅读书中的内容，我们能够看到自己的现在，也能够看到过去和未来。建筑不应该只有一种类型，就像世间不止一种语言，文明也不止一种方式。文明的共同体是各美其美，美人之美，美美与共，天下大同的理想世界！这本书也必将成为一块并不平整的铺路石，供踩踏，供前行！

北京工业大学　教授/主题环境设计研究中心　主任
中国美术家协会环境设计艺术委员会　秘书长
中国建筑学会室内设计分会　常务理事

因地制宜 15
融合再造 12
轴线合院 33

15	12	33

1 本书 / 2 部分 / 3 形式
5 角度 / 6 门派 / 7 类别
共计 60 个古建案例矩阵图

通过 1 本中国古建的书，前图后文分为 2 部分，以方形、圆形以及介于二者之间的六边形，代表我眼中的"轴线合院""因地制宜"与"融合再造" 3 个类型，通过"道、形、器、材、艺"的新视角，诠释"中国建筑就是中国人""从一个人到平天下""一专多能的平常人""天下都是有缘人""大巧若拙的明白人"，5 种"人"的生活智慧，并将中国古建归纳为 6 大门派与 7 个类别，汇总了 26 个通俗易懂的故事，精选了代表性的 60 个古建案例，构成了本页的一个可视化的信息图形矩阵图。

										京
兴城古城	长城	北京四合院	康熙景陵	明十三陵	恭王府	雍和宫	钟鼓楼	颐和园	天坛	故宫博物院

河南陕州地坑窑洞	碛口窑洞	乔家大院	王家大院	平遥古城	悬空寺	永乐宫	应县木塔	晋祠圣母殿	佛光寺	南禅寺

晋

苏：周庄古镇 山塘街 狮子林 留园 拙政园

徽：棠樾牌坊群 徽商大宅院 徽州古城 篁岭村 俞氏宗祠 罗东舒祠宝纶阁 西递古村 宏村

闽：三坊七巷 埭美古村 泉州府文庙 蔡氏古民居 四菜一汤 裕昌楼

川：丽江古城 阆中古城 凤凰古镇 西江苗寨 迪庆傈村 翁丁佤寨 糯干古寨 肇兴侗寨

它：羌族碉楼 平潭石头厝 窨子屋 丹巴藏寨 开平碉楼 镬耳屋 陈家祠堂 赵州桥 嵩岳寺塔 布达拉宫 莫高窟石窟寺

本书是一本以"人居环境艺术"为视角的中国古建筑艺术普及类书籍，分为两章。第一章共七个部分，介绍了不同派系的古建筑，包括京派、晋派、苏派、徽派、闽派、川派和其他派系，让读者能够一目了然地看到中国悠久以及丰富的古建资源。第二章共五个部分，以独特的视角介绍了中国古代建筑的独特之处，包括永恒智慧（道）、形制样式（形）、建筑功能（器）、材料工艺（材）和装饰艺术（艺）。本书不仅介绍了中国古代建筑的艺术特色，更突破传统宏观讲解建筑的专业壁垒，着重以图景教学的思路，直观地普及建筑的美学，旨在帮助读者更好地了解和欣赏中国古代建筑的魅力。

图书在版编目（CIP）数据

了不起的中国古建筑 / 王国彬著. —北京：机械工业出版社，2024.6（2024.12重印）
ISBN 978-7-111-75888-4

Ⅰ.①了… Ⅱ.①王… Ⅲ.①古建筑 – 建筑艺术 – 中国 – 普及读物 Ⅳ.①TU-092.2

中国国家版本馆CIP数据核字（2024）第104555号

机械工业出版社（北京市百万庄大街22号 邮政编码100037）
策划编辑：饶 薇 穆宇星 责任编辑：饶 薇 王华庆
责任校对：贾海霞 李 杉 产品设计：穆宇星
责任印制：常天培
北京宝隆世纪印刷有限公司印刷
2024年12月第1版第4次印刷
260mm×240mm·21印张·3插页·298千字
标准书号：ISBN 978-7-111-75888-4
定价：268.00元

电话服务   网络服务
客服电话：010-88361066   机 工 官 网：www.cmpbook.com
        010-88379833   机 工 官 博：weibo.com/cmp1952
        010-68326294   金 书 网：www.golden-book.com
封底无防伪标均为盗版   机工教育服务网：www.cmpedu.com